公益性行业(农业)科研专项资助(200903014)
Special Fund for Public Welfare Technology Research of Agricultural Industry(200903014)

水貂养殖与疾病防治技术

马永兴　朱文进　刘乃强　主编

中国农业大学出版社
·北京·

图书在版编目(CIP)数据

水貂养殖与疾病防治技术/马永兴，朱文进，刘乃强主编．—北京：中国农业大学出版社，2010.10

ISBN 978-7-5655-0043-5

Ⅰ.①水…　Ⅱ.①马…②朱…③刘…　Ⅲ.①水貂-饲养管理②水貂-动物疾病-防治　Ⅳ.①S865.2②S858.92

中国版本图书馆 CIP 数据核字(2010)第 137654 号

书　　名　水貂养殖与疾病防治技术

作　　者　马永兴　朱文进　刘乃强　主编

策划编辑　梁爱荣　　**责任编辑**　梁爱荣
封面设计　郑　川　　**责任校对**　陈　莹　王晓凤
出版发行　中国农业大学出版社
社　　址　北京市海淀区圆明园西路 2 号　　**邮政编码**　100193
电　　话　发行部 010-62731190，2620　　读者服务部 010-62732336
　　　　　编辑部 010-62732617，2618　　出　版　部 010-62733440
网　　址　http://www.cau.edu.cn/caup　　**e-mail** cbsszs @ cau.edu.cn
经　　销　新华书店
印　　刷　北京鑫丰华彩印有限公司
版　　次　2010 年 10 月第 1 版　　2013 年 10 月第 3 次印刷
规　　格　850×1168　　32 开本　　7.75 印张　　189 千字
定　　价　18.00 元

主　　编	马永兴	朱文进	刘乃强
副 主 编	付志新	苏咏梅	张进红
	刘志勇	任二军	李景村
参编人员	（以姓氏笔画为序）		
	于冬梅	马银富	白凤武
	冯　岭	边保全	邢秀梅
	孙伟丽	刘　洁	刘爱丽
	齐　静	关学敏	苏永鹏
	李　颖	李春芳	杨　艳
	张艳英	张子佳	张英海
	张玉宏	张秀环	张秀兰
	吴　琼	宋会良	苗建民
	周忠良	荣　敏	庞海玲
	段玲欣	徐晓敏	郭丽兰
	崔振伟	梁建兰	韩丽娜
	焦春晨		
主　　审	杨福合	冯敏山	李光玉

前　言

我国水貂人工养殖历史悠久，积累了丰富的养殖经验。随着商品经济的日益发展和人们生活水平的提高，对水貂皮产品质量的需求也随之提高。但是，目前我国水貂养殖生产技术还相对落后，饲养管理粗放，仔兽成活率低，导致其毛皮品质不高，毛皮价格不稳，经济效益较低。所以目前急需解决水貂养殖与疾病防治的技术问题。为此，我们参阅有关文献资料结合多年积累的养殖经验，编写了《水貂养殖与疾病防治技术》一书。本书主要从水貂的生活习性、水貂选种、圈舍要求、仔兽护理、科学饲养管理、疾病防治等方面进行了介绍。该书力求做到理论与实践相结合，具有实用性、先进性和可操作性，可供水貂养殖户学习和参考。

由于编者水平和经验所限，加之时间仓促，书中难免有疏漏之处，错误和不足在所难免，恳请有关专家和广大养殖户给予批评指正。在此，再次向参阅资料的提供者表示谢意。

编者

2010 年 6 月

目　录

第一章　水貂的生物学特性

第一节　水貂的经济价值

水貂是短毛型珍贵的毛皮动物，其经济价值主要体现在它的皮张上。水貂皮是高档裘皮原料，以其毛的细密、平齐、光泽性好、富有弹性、板质坚韧轻柔，而素有“裘皮之王”的美称，是世界裘皮市场的当家品种，售价昂贵。貂皮可制作高档的裘皮大衣、皮领、帽子等，具有保暖、轻柔、华丽、穿着舒适等特点。

水貂的经济价值还表现在：

(1)貂心。具有很高的药用价值。中国农业科学院特产研究所制药厂以貂心为主要原料，配以其他中药而生产的利心丸，对治疗风湿性心脏病、充血性心力衰竭有独特疗效。

(2)貂鞭。用貂的睾丸和阴茎(貂鞭)制成的药酒，具有滋补壮阳的功效。

(3)貂油。含有丰富的不饱和脂肪酸，除食用外，现已成为制作高级化妆品和香皂的原料。

(4)貂肉。营养丰富，蛋白质含量可与鸡肉媲美，是一种具有独特风味的野味佳肴。另外，貂肉还可作为狐、貉子、艾虎等毛皮兽的饲料。

(5)貂粪。是农作物的优质肥料。处理后的貂粪还可用来喂猪。

(6)其他副产品。水貂的内脏如肝脏、内分泌腺等可提取后加工制药，但还需进一步研究利用。

总之，水貂全身是宝，经充分利用可以增加收益，提高其经济价值。

第二节 水貂的分类学地位与地域分布

一、水貂的分类学地位

水貂在动物分类学上属于哺乳纲，食肉目，鼬科，鼬属，是一种小型的珍贵毛皮动物。在野生状态下，有美洲水貂和欧洲水貂两种。因美洲水貂被毛较欧洲水貂美观，故现在世界各国人工饲养的水貂均为美洲水貂及其后裔。

二、水貂的地域分布

美洲水貂分布在北美洲，从阿拉斯加到大西洋沿岸，以及西伯利亚和苏联的欧洲部分的几个加盟共和国。美洲水貂共有 11 个亚种，其中经济价值最高、与家养水貂关系最密切的有 3 个亚种。我国 1956 年从苏联引进标准水貂，在黑龙江省的密山县、横道河子、杜尔伯特蒙古族自治县 3 个大型的国营野生饲养场饲养，进而发展到东北三省、内蒙古、新疆、青海、甘肃、山西、陕西、河北、河南、山东、江苏等省、自治区。以后在广东沿海地区引种试养取得成功。

第三节 水貂的形态与习性

一、水貂的形态

水貂是一种小型毛皮兽，体细长，外形与黄鼬相似（图 1-1）。头较小，耳壳小，四肢短，前后肢均具 5 指和 5 趾，指、趾端有利爪，指、趾基间具微蹼,后趾间蹼比前指蹼明显,尾细长,尾毛长而蓬松,肛门两侧有1对肛腺。

图 1-1　水貂体型结构特征

野生状态下,水貂毛色多为浅褐色,在人工饲养条件下,由于长期的选择,毛色加深,多为黑褐或深褐色,习惯上称为标准色,具这种毛色的水貂称为标准貂。目前,利用基因突变及人工分离,培育出了白色、银蓝、钢蓝、咖啡、米黄、蓝宝石、红色、黑十字、紫罗兰等几十种色型的水貂,这些色型的水貂都称彩色水貂,它们都是标准水貂的突变体,即变种形成的。

成年水貂体尺、体重随性别差异较大,一般笼养水貂,成年雄貂体长 38～50 cm;体重 1 500～3 000 g,尾长 18～22 cm;成年雌貂体长 34～38 cm,体重 900～1 500 g,尾长 15～18 cm。仔貂初生重 7～10 g,刚出生的仔貂身上裸露无毛,闭眼。

二、水貂的习性

水貂为肉食性动物,在野生状态下,水貂以捕捉鱼、鼠、野兔、小鸟、两栖类及昆虫类动物为食,食物种类随季节变化而变化。冬、春两季多以鱼、鼠及其他哺乳类小动物为主,夏、秋季多以鱼、蛙、蛇及昆虫为主。水貂有贮藏食物的习性,还特别喜欢水,不仅是饮用,更主要的是在水中嬉戏,夏季尤其喜爱戏水。在人工饲养条件下是以笼养貂,不必给予人造水域让其戏水,只要给充足的饮水就可以了。

水貂在野生状态下，多栖息在河床、湖岸、林中小溪旁等近水地带。利用天然岩洞作穴，穴内铺有兽毛、鸟羽或干草，穴洞长1.5 m左右，洞口在岸边或水下。在岸边的洞口都有杂草丛或树丛掩护，不易被发现。

水貂野性强，性情凶猛，攻击性极强，多在夜间活动，本身敌害较少，只有少数猛禽、猛兽为其天敌。在配种季节也常常被猎人所捕获。水貂寿命12～15年，有8～10年的生殖能力，在人工饲养的情况下，种貂一般只利用3年。即头一年出生，到第二年春季参与配种，幼貂性成熟时间要9～10个月，第三年、第四年春季各繁殖1次，第四年秋季换毛后，即转入皮貂群，不再做种用。每年春季为水貂的繁殖季节，1年产1胎，每年春、秋季各换毛1次。

第四节　水貂主要器官系统及生理功能

笼养水貂，需要有效地进行科学饲养管理，防治疾病，提高繁殖力。因此，必须了解水貂各器官系统结构、机能和代谢等特点，以满足其生理需求，提高养殖的经济效益。

一、消化系统

水貂的消化系统由消化道和消化腺两部分组成。消化道包括口腔、咽、食道、胃、小肠、大肠和肛门。

1. 消化道的解剖特征

水貂齿式为$\left(\mathrm{I}\,\frac{3}{3}、\mathrm{C}\,\frac{1}{1}、\mathrm{P}\,\frac{3}{3}、\mathrm{M}\,\frac{1}{2}\right)\times 2=34$。门齿短小，犬齿发达尖锐，上颌第3前臼齿和下颌第1臼齿形成裂齿。臼齿咀嚼面小，不发达(图1-2)。

舌狭长，由舌下中线的一条垂直的舌带系与口腔底部相连。舌表面的黏膜上具有乳头状结构(称乳突)，一些乳突上有味蕾。

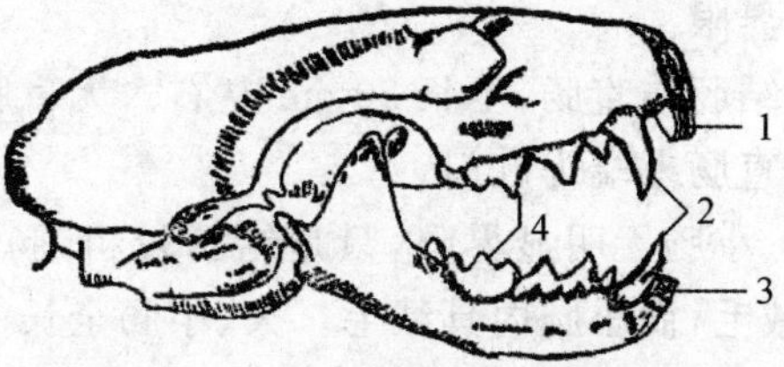

图 1-2 水貂的牙齿(右侧观)

1. 上门齿 2. 犬齿 3. 下门齿 4. 裂齿

口腔中的唾液腺有 3 对,即腮腺、颌下腺、舌下腺,这些有管分泌腺体均开口于口腔。

咽狭窄而长,由黏膜与肌质构成,是消化道与呼吸道的交叉路口。咽软腭后,前与内鼻孔相连,后与耳根相对,咽前上方经鼻后孔同鼻腔相通,后上方通食道。耳咽管开口于咽中部。

食道长约 25 cm,贴于气管背面,通过胸腔向后穿过横膈膜与胃贲门相通。

胃于腹腔偏左侧,横置成长袋状(图 1-3),前为贲门通食道,后为幽门通十二指肠。贲门与幽门有括约肌,胃大弯向左,小弯向右。胃黏膜层形成很多纵向排列的皱褶,雄貂胃重 12.3 g,而雌貂 10.8 g。

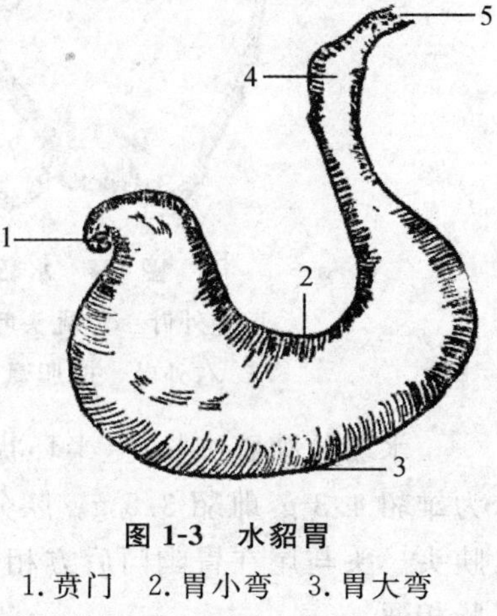

图 1-3 水貂胃

1. 贲门 2. 胃小弯 3. 胃大弯

4. 幽门 5. 十二指肠

肠较短而细,包括小肠与大肠。小肠包括十二指肠、空肠与回肠,其长度为体长的 3.5～4 倍。胃幽门下即为十二指肠,向右后侧延伸接空肠。空肠长 13～26 cm。空肠往下接回肠。空回肠为 110～147 cm。水貂小肠各段无明显界限。

大肠包括结肠与直肠，全长 20 cm 左右。无盲肠，这是水貂最显著的特征。直肠末端为肛门。

水貂的大、小肠无明显界限，只是结肠较粗，肠黏膜有发达的纵行皱襞，无绒毛，而小肠内具绒毛。大、小肠全长 143～193 cm。

水貂肝脏非常发达，前端与横膈膜相接，后部盖于胃及小肠腹面，分 6 叶（图 1-4），呈暗红色。正常胆囊管暗黄色，呈梨形，重 38～81 g，胆囊管在接近十二指肠处汇成总胆管，开口于幽门约 1.5 cm 的十二指肠。

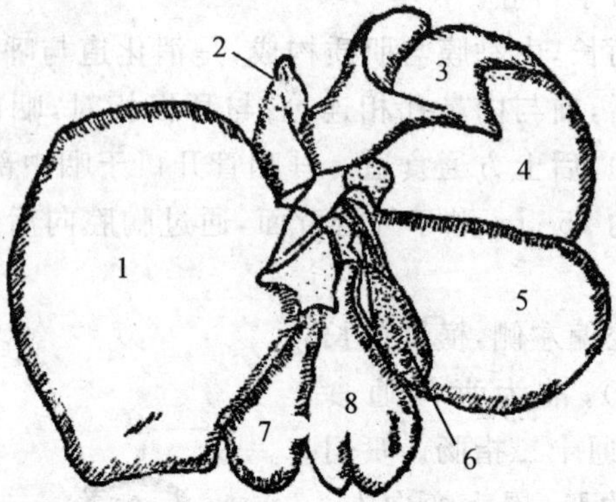

图 1-4 水貂的肝脏(正面观)

1. 左外叶 2. 乳头叶 3. 尾状叶 4. 右内叶
5. 右外叶 6. 胆囊 7. 左内叶 8. 方形叶

水貂的胰脏细长，呈半环状，长 5～6 cm，宽 0.5～1 cm，重量为雄貂 4.3 g，雌貂 3.5 g。胰分为左右两臂，左臂为胰尾，右臂为胰头。头与尾在胃幽门后方相会，胰液管在两臂相会处与十二指肠相通。

2. 消化系统的生理机能

水貂用犬齿将食物撕裂，食物进入口腔，唾液润湿，随吞咽反射动作，很快即从口腔经咽和食道而进入胃。

胃是消化道的膨大部分，水貂胃容积很小，仅为 40～100 mL，胃内壁覆以一层黏膜，膜上有胃腺，胃腺可分泌胃液，胃液主要由盐酸、黏液和胃蛋白酶组成。盐酸又称胃酸，可致活胃蛋白酶原使之转化为胃蛋白酶，胃蛋白酶也只有在盐酸的酸性环境下才能发挥其消化饲料蛋白质的作用。盐酸随食糜进入小肠，可促使胰液与胆汁的分泌。

胃蛋白酶的主要生理功能是将饲料蛋白质降解为蛋白胨。

胃液中的黏液于胃膜表面形成黏液层，保护胃黏膜，并可润滑食物，中和胃酸。

胃壁平滑肌的收缩和舒张运动，可将食物同胃液充分混合，以利于消化。同时将食糜推送进入小肠。

食糜进入小肠后，在肠液、胰液及胆汁的作用下及小肠蠕动的机械作用下，食糜进一步降解，将大分子的蛋白质、脂肪、碳水化合物，分别降解为氨基酸、低级脂肪酸、甘油及单糖，由小肠壁绒毛的毛细血管吸收入血液。此外，小肠壁还吸收水、无机盐和各种维生素，以供机体需要。

胰液由胰腺分泌，是一种澄清的碱性液体，内含多种消化酶和重碳酸盐。重碳酸盐为碱性，可中和胃酸，并可为胰蛋白酶、胰脂酶、胰淀粉酶等提供适宜的碱性环境，以利于这些消化酶充分发挥其消化作用。

肠液由肠黏膜内的腺体分泌，内含分解蛋白质、脂肪及碳水化合物的多种消化酶。

胆汁是一种约含 3%固形物的分泌及排泄混合物，在肝中生成，主要含胆酸盐和胆色素。胆酸盐为肝所合成并分泌于胆汁内。胆酸盐进入小肠吸收部，几乎全被重吸收，并经肝门静脉血返回肝脏。胆酸盐主要生理功能是激活胰脂酶、乳化脂肪、增加脂肪与脂酶的接触面积，促进脂肪的分解与吸收。此外，胆汁还能促进脂溶性维生素的吸收,刺激肠道蠕动等。

小肠壁由平滑肌构成,外层为纵行肌,内层为环行肌,二者收缩或舒张,使肠内食糜与各种消化液充分混合,增加食糜与肠黏膜接触机会,以利于肠壁吸收,还可将食糜缓慢推入大肠。水貂的小肠是吸收消化产物的主要部位。肠内壁黏膜有环状皱褶,覆盖着密集的指状突起绒毛,以增加吸收面积。

大肠的主要生理功能为吸收水分,形成粪便并排出体外。大肠黏膜中有大肠腺而无绒毛。大肠腺可分泌大肠液。大肠液具碱性,可湿润粪便,利于排出,保护肠黏膜。

水貂的各种消化腺所分泌的消化酶,以蛋白酶、脂酶为主,缺少淀粉酶。由此,决定了水貂必须以动物性饲料为主要饲料。对植物性饲料只能消化其中部分淀粉,对饲料中的纤维素不能消化,饲料中纤维素的含量不能超过3%,否则会出现消化不良。

二、内分泌系统

水貂机体内存在着许多没有导管的腺体,如甲状腺、甲状旁腺、肾上腺、胰岛、垂体、胸腺等。这些无管腺的分泌物由腺体细胞直接渗透入血液或淋巴,经循环传布全身,调节机体各种代谢活动。这些腺体分泌物称激素。激素从化学结构上可分为类固醇激素与多肽激素两类。

1.脑垂体和下丘脑

脑垂体和下丘脑组成了水貂的一个机能单位,是水貂内分泌调节的高级部位。

垂体包括腺体和神经垂体两部分,它可分泌多种内分泌激素,调节水貂的代谢、繁殖和换毛等一系列重要生理功能。

腺垂体能分泌7种激素,它们是:促甲状腺素(TSH)、促肾上腺皮质激素(ACTH)、卵泡刺激素(FSH)、促黄体生成素(LH)、生长素(GH)、催乳素(LTH)和黑色细胞刺激素(MSH)。其中

TSH、ACTH、FSH 和 LH 称为促激素，它们作用的靶腺分别为甲状腺、肾上腺皮质、性腺。促激素维持靶腺正常生长发育，调节相应激素的合成及分泌。GH 的分泌可促进蛋白质合成和骨骼的生长。LTH 可促进泌乳，维持黄体生成并产生孕激素。MSH 促进皮肤中黑色素细胞合成黑色素。

垂体分泌活动主要由下丘脑分泌的相应促激素释放因子所调节。下丘脑神经细胞分泌的化学物质（即促激素释放因子），通过垂体门静脉到达垂体，特异性的作用某一腺垂体细胞，促进或抑制相应腺垂体细胞的分泌机能。

神经垂体是一种神经组织。下丘脑所分泌的激素，通过下丘脑-垂体束，运送到垂体贮存，在一定条件下，释放入血液。神经垂体可释放抗利尿素和催产素。抗利尿素可促进肾小管对水分的重吸收，维持水貂机体的水平衡，同时，还具有强烈血管收缩作用，使动脉血压升高。催产素能刺激子宫收缩，刺激乳腺平滑肌的收缩，排出乳汁。

2. 松果腺

松果腺又称松果体。水貂的松果腺位于间脑的背面，呈椭圆形，直径 1.0～1.5 mm。松果腺对光反应特别敏感，它可能参与了光周期对水貂季节性繁殖、季节性换毛的影响过程。

3. 性腺

水貂的性腺主要指雄貂的睾丸与雌貂的卵巢。主要分泌与繁殖有关的性腺激素。

水貂睾丸的曲细精管间质细胞能分泌雄激素，刺激雄性器官的发育，维持雄性器官的正常功能，促进生精作用，表现第二性特征和产生性欲。下丘脑分泌的促黄体素释放因子（LRF 或 LRH），使垂体分泌间质细胞刺激素，进而使睾丸间质细胞发育并分泌雄激素。

水貂卵巢上皮细胞分泌雌激素（又叫动情激素，主要成分为雌二醇)，黄体能分泌孕激素(又叫孕酮，主要成分为黄体酮)。雌激素主要生理功能是促进子宫发育，使子宫内膜增生变厚，使腺体与血管增生，使阴道上皮细胞增生与角质化，促进乳腺的发育，维持第二性征。

孕激素主要功能是保证受精卵植入子宫内膜，使子宫肌肉对催产素的敏感性降低，保证子宫安静，维持妊娠并促使乳腺发育成熟。

腺垂体分泌的 FSH，能刺激卵胞发育，FSH 和 LH 协同作用可促使卵泡成熟、排卵及生成黄体。

下丘脑分泌的促卵泡刺激素释放因子(FRF)和促黄体生成素释放因子(LRF)，可促进腺垂体分泌 FSH 和 LH，通过血液循环到达卵巢(或睾丸)，促进性激素的分泌(正反馈作用)。反之，当性激素浓度达到一定水平，又反馈到下丘脑，抑制其分泌作用(负反馈作用)。

松弛素是多肽类激素，来源于卵巢胎盘，能引起子宫收缩，它与孕激素协同作用使子宫颈扩张。

4. 胸腺

水貂胸腺呈粉白色，位于胸腔前背腹面。30 日龄以内的仔貂，胸腺长 1.3～2.0 cm，宽 0.6～1.5 cm，重 0.1～0.8 g。随着日龄的增加，胸腺逐渐变小，成年水貂胸腺退化。

胸腺是肾上腺糖皮质激素灵敏的靶器官，它是水貂免疫力正常发展所必需的，因胸腺激素有刺激机体产生具免疫功能的淋巴细胞的作用。胸腺还为其他淋巴组织输送淋巴原始细胞，细胞分裂又可发育成新的淋巴细胞。

三、生殖系统

1. 水貂生殖器官解剖特征

(1)公貂生殖器官解剖。公貂的生殖系统是由睾丸和附性器官组成。附性器官包括附睾、输精管及壶腹、前列腺和阴茎等。输精管、壶腹和前列腺发达，阴茎内有阴茎骨（图1-5）。

睾丸呈长椭圆形，其重量、体积和机能有明显的季节性变化。配种季节约重2.5 g，长20 mm左右，宽10 mm。表面被一层膜包着。睾丸的生理作用是产生精子和分泌雄性激素。睾丸内部主要是由曲细精管组成，其生精上皮是产生精子的地方。精子生成后脱落到曲细精管腔中，再移行至附睾中贮存。曲细精管之间的间质细胞可分泌雄性激素。

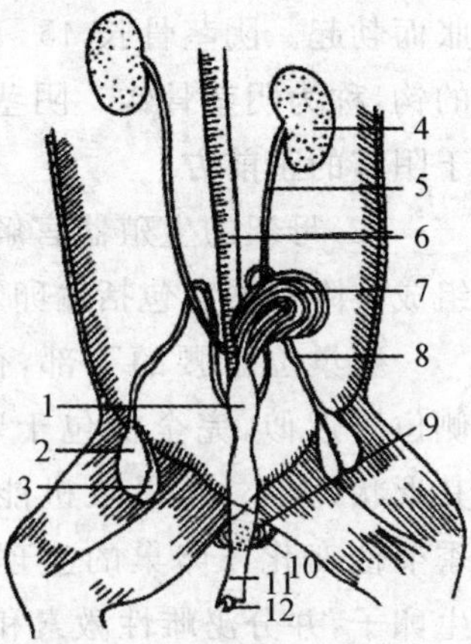

图1-5　公貂生殖系统

1. 前列腺　2. 睾丸　3. 附睾　4. 肾脏　5. 输尿管　6. 直肠　7. 膀胱　8. 输精管　9. 肛门　10. 肛腺　11. 阴茎、包皮　12. 阴茎骨

附睾发达，位于睾丸的上端外缘，分为附睾头和附睾尾。附睾头与曲细精管相连，附睾尾和输精管相连。附睾是精子贮存部位，精子在附睾中继续发育成熟。

输精管沿精索内侧上行，于腹股沟管腹环处离开精索向内翻转，末端在膀胱颈部膨大，称输精管壶腹，后接尿生殖道的前部。输精管是输送精子的管道，其壶腹部是精子的第二贮存场所，可分泌液体，构成精液的一部分。

前列腺位于尿生殖道骨盆部，围绕输精管的末端，可分泌黏液，与输精管壶腹分泌的黏液一起构成精液。精子在精液中得到稀释和获能，还可以润滑尿道，中和尿道中的酸性反应，以便保护精子、输出精液。

阴茎分为海绵体和阴茎骨两部分。海绵体基部分两支附着于坐骨弓前部，在耻骨弓后面两支相合构成海绵体体部，每支被坐骨海绵肌包着，前端包围着阴茎骨的基部。海绵体在交配时充血膨胀而勃起。阴茎骨长 45～55 mm，基部略粗，前端有向背侧弯曲的钩，称为阴茎骨钩。阴茎骨腹侧有一凹沟，尿道位于其中，开口于阴茎的正前方。

(2)母貂的生殖器官解剖。母貂生殖系统由卵巢和附性器官组成。附性器官包括输卵管、子宫和阴道(图 1-6)。

卵巢位于腰的下部，似豆形，两侧位置近似，完全被包于卵巢囊内。其形状、大小、重量及机能有明显的季节性变化。卵巢的生理作用是产生卵子，并分泌雌性激素和孕激素。

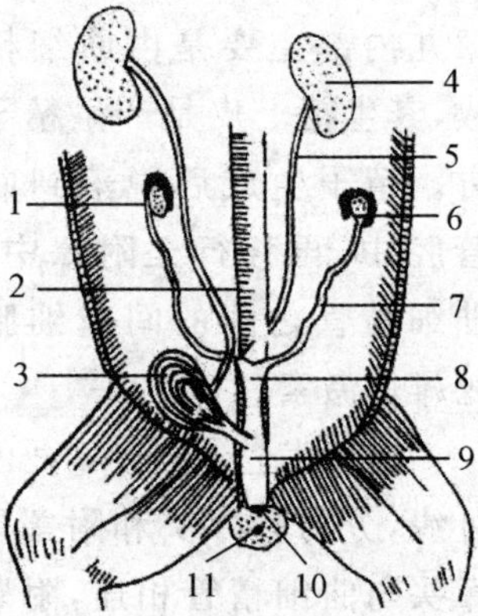

图 1-6　母貂生殖系统
1. 卵巢　2. 直肠　3. 膀胱　4. 肾脏　5. 输尿管　6. 子宫角　7. 输卵管　8. 子宫体　9. 阴道　10. 阴门　11. 肛门

自然状况下，一般从每天日照时间为 9 h 左右的冬至起，卵巢中原始卵泡的数量及其中卵子的体积开始明显增加，色泽渐红。随着日照时间的延长，当每天的日照时间达 11 h，一些卵泡停止生长，卵子成熟，逐渐移至卵巢表面并渐凸出，卵泡上皮细胞分泌雌性激素。配种季节，卵巢充血，色泽鲜红，表面凸凹不平，有很多深红色粒状突起。交配后，卵泡排卵，形成黄体，并在春分后，随着日照时间的延长，黄体开始活动并分泌孕激素。分娩后，妊娠黄体消失，卵巢又处于相对静止阶段，体积缩小、机能退化。

输卵管紧接卵巢上方，呈弯曲状包在卵巢周围，前端稍膨大成喇叭口，也称漏斗，被包于卵巢囊中；向后与子宫角相接。输卵管是卵子排出后移行至子宫的通道，也是精子与卵子相会发生受精作用而形成受精卵的部位。

水貂的子宫为双角子宫(图 1-7),位于腹腔内,在直肠前部下方,分为子宫角、子宫体、子宫颈 3 个部分。子宫角前端与输卵管相接,后行在膀胱上方,与对侧子宫角相遇,两子宫角的末端有一小段彼此粘连。子宫体较短,为两子宫角会合后延长部分,位于膀胱上方。子宫颈的长度与子宫体相似,后部与耻骨前缘相对。子宫颈管细而壁厚,肌肉层发达,有许多皱褶,后端与阴道相连。分娩后至冬至,子宫呈生理性贫血,体积小,宫壁薄。从冬至到春分,子宫在雌性激素的作用下,逐渐体积增大,血管扩张充血,内膜增厚并分泌黏液,为胚胎着床作准备。

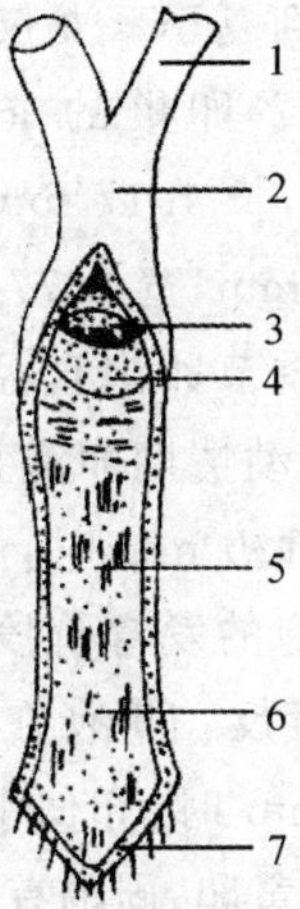

图 1-7　子宫剖面图

1. 子宫角
2. 子宫体　3. 子宫颈
4. 袋状皱褶　5. 阴道
6. 阴道前庭　7. 阴唇

阴道前端伸向腹腔,环绕子宫颈,后端伸展到坐骨弓处。阴道外口有阴唇。阴道长 30～40 mm,动情期黏膜增厚、充血,表层的角化上皮细胞大量脱落,在阴道的背侧壁距子宫颈口 2～3 mm 处,有一肥厚的袋状黏膜皱褶,与子宫颈口相对。

2. 水貂生殖生理特性

(1)睾丸的季节性变化。公貂睾丸在秋分时开始发育,但发育很缓慢。11 月下旬睾丸下降到阴囊内,其体积和重量开始日益增大和增重,随着冬毛的成熟,睾丸发育大大加速,机能逐渐恢复和加强。冬毛成熟时配种季节到来时,睾丸重可达 2.0～2.5 g,已完全发育成熟,开始形成精子和分泌雄性激素,出现性欲。春分后,随着配种季节结束，睾丸开始萎缩，体积缩小，重量减轻，机能减退。到夏季睾丸仅 0.3～0.5 g，体积仅为配种季节的 1/5～1/4。

(2)卵巢的季节性变化。母貂卵巢在非配种季节平均重 0.3 g，长 4.17 mm，宽 2.57 mm；在配种季节平均重 0.65 g，长 4.31 mm，宽 2.77 mm。体积的增长主要是由于卵泡的生长。非配种季节卵泡直径 0.65 mm，动情前期 0.90 mm，并产生成熟的卵子，动情期卵泡直径可达 1.0～1.2 mm。一般认为，卵泡直径达到 1.0 mm 时，母貂就开始出发情征兆。从原始卵泡到排卵前，在卵泡的发育阶段里，卵的生长前期较快，后期减慢乃至完全停止；相反，卵泡在前期生长缓慢，后期加快。当卵泡直径达 0.5 mm 时，卵似乎完成了它的生长，直径近于 0.1 mm。卵呈球形，属黄卵，周围有一层透明带，外有卵泡细胞形成放射冠(图 1-8)。

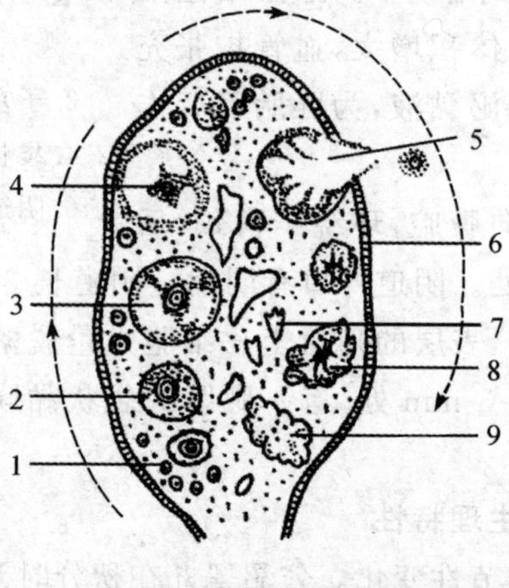

图 1-8　卵泡发育示意图

1. 初级卵泡　2. 生长中的卵泡　3. 成熟中的卵泡　4. 卵细胞　5. 排卵　6. 生殖上皮　7. 血管　8. 黄体(已发育完全)　9. 萎缩的黄体

(3)母貂的发情周期。母貂的一个发情周期,是由一个动情期和紧随着的一个间情期所组成。母貂在整个配种季节可出现2～4个发情周期。每个发情周期通常为6～9 d(表1-1),其中动情期持续1～3 d,此期母貂容易接受交配和受精;间情期一般为5～6 d。这主要根据母貂在交配排卵后有6～9 d的不应期,此后复配才能再次排卵。在排卵不应期里,即使达成交配也不能诱发排卵。因此,在生产实践中,基本上实行分阶段配种。

表1-1　雌貂发情周期　d

第1性周期		第2性周期		第3性周期	
动情期	间情期	动情期	间情期	动情期	间情期
1～3	5～6	1～3	5～6	1～3	5～6
发情交配期(3个月)					

(4)交配。水貂交配时,公貂叼着母貂颈背部并趴在其背上,两前肢紧紧抱着母貂的腰两侧,阴茎勃起并插入母貂阴道内,阴茎骨钩钩住母貂阴道的袋状黏膜皱褶,多次耸动臀部有射精动作,才算达成交配。水貂的交配时间较长,平均约为60 min。一般配种期的前期没后期交配时间长。

阴茎骨钩钩住阴道袋状黏膜皱褶,对于保证达成交配起着重要作用。因为,一旦钩住,只要没有射精,阴茎处于勃起状态,就不易脱钩,即使母貂挣扎,也会由牵拉袋状黏膜皱褶产生疼痛感而停止挣扎。另外,阴茎骨钩钩住袋状黏膜皱褶时,公貂的尿生殖道外口正对着由于性兴奋而开放的子宫颈口,这样公貂在射精时就可直接射入子宫颈内。交配结束后,袋状皱褶正好包围着子宫颈口,可以防止精液外溢,可以免除阴道内对精子的不良影响。

公貂的精子呈蝌蚪状,全长70 μm。在显微镜下观察,头部呈椭圆形,尾细长,中段连接尾部处间无明显界限,头的前部有发亮的顶体。精子有独立运动能力,除尾部摆动外,还沿中轴方向作旋转运动，所以精子运动是直线前进的。

(5)排卵。水貂是刺激性排卵的动物，交配动作是诱发排卵的刺激因素。交配动作通过神经反射，把神经冲动传导到下丘脑，由其分泌促性腺素释放因子，经脑垂体门静脉到达腺垂体，使之分泌促性腺激素，促使卵泡迅速发育，并在交配后36～42 h卵泡破裂排卵。交配后至排卵前，卵泡体积进一步增大，达到非配种季节的1.5倍。排卵后又恢复到动情期的水平。在一个动情期里，交配诱发排卵后，有6～9 d不应期。在此期里，无论是交配刺激或是注射孕马血清，还是注射绒毛膜促性腺激素，都不能引起再次排卵。在不应期内黄体是不活动的，这段时间也是新的一批卵泡发育到排卵前卵泡阶段所需的时间。此期结束后进入下一个动情期，无论前次排的卵是否受精，都可通过交配再次排卵。

母貂在一个发情周期里，卵巢上有较多的卵泡发育，但能成熟排卵的有8个左右。其他卵泡在发育的不同阶段萎缩退化。每次卵巢排卵的总数是相对稳定的，实验证明，即使切除一侧卵巢后也仍然排那么多的卵子。这被推测是由于从腺垂体释放的FSH只能维持血中雌激素达一定水平。此时，FSH的释放被雌性激素的反馈作用所抑制而停止分泌。所以，只有有限的卵泡能得到充分发育。

交配不是唯一的刺激，一些母貂被公貂追逐爬跨，甚至人的抓握就能引起排卵。

(6)受精。受精是精子和卵子结合的过程。水貂精子和卵子结合的部位在输卵管上段。受精过程的完成必须是在受精部位同时存在着有受精能力的卵子和有足够数量的活力强的精子。排卵后12 h左右，卵子就失去受精能力。

卵泡破裂时，卵子随卵泡液冲出，卵巢囊内的液体提供了运送卵子的介质。此外，输卵管上端的内壁上有许多纤毛，纤毛摆动形成流动波也有助于卵的运送。卵排出后到达输卵管上段，在受精部位的时间不到 12 h。精子在公貂附睾内贮存时已开始成熟，但需到母貂生殖道内才能获能。公貂交媾射精后，精子靠自身的运动，并借助子宫、输卵管肌肉的收缩及上皮纤毛摆动，需数小时方能运行到受精部位。精子在母貂生殖道内有受精能力的时间为 48 h 左右，最长不超过 60 h。精子和卵子在输卵管的受精部位相遇、结合，发生受精作用，形成受精卵。

水貂在周期复配时，所产的仔貂几乎都来自后 1 次交配的受精卵，而前次交配的受精卵很少能正常发育到出生。有人推测是由复配的交配动作使子宫肌频繁收缩，使处于游离期的前次交配产生的受精卵发生不易察觉的早期流产。

(7)妊娠与分娩。

①妊娠。从受精卵形成到分娩称妊娠期。水貂的妊娠期为 (47±3) d，个体间变异比较大。整个妊娠期胚胎发育分 3 个阶段。

胚胎的早期发育：卵在输卵管上段受精后，便开始均等分裂，称为卵裂。经多次卵裂形成桑葚胚。细胞继续分裂形成一个实心的实囊胚，表面为一层上皮细胞，称滋胚层，里面的细胞称内细胞团。以后在内细胞团的一边发生一个腔，逐渐变大，内细胞团贴附在腔壁上，这时的胚胎称腔囊胚，也称胚泡。水貂的胚胎在胚泡期进入子宫。由受精到胚泡期，经输卵管到达子宫的时间需 6～7 d。

胚胎滞育期：胚泡进入子宫角后，由于子宫内膜还未为胚泡着床做好准备，还不能着床，需经过 1～46 d 在子宫中游离阶段，称延迟着床期。此时，胚泡的发育极为缓慢，处于相对静止的阶段，所以称为胚胎滞育期。水貂妊娠期个体差异比较大，就是由于有一个时间长短不定的延迟着床期。此期的长短决定于妊娠黄体的发育，妊娠黄体的发育又与光周期变化规律有密切的关系。春分前交配时间再早，胚泡在子宫角也不能着床，仍处于游离阶段。春分后日照时间的逐渐增加，通过神经反射，作用于下丘脑-腺垂体系统，促使 LH(促黄体生成素)分泌并逐渐增加，从而迅速形成妊娠黄体并分泌孕激素，使子宫内膜进一步发育，为胚泡着床做好准备，这时胚泡才能着床。所以，春分前配种结束早的母貂一般比配种结束晚的母貂有更长的延迟着床期，也就是说有更长的妊娠期。处于延迟着床期的胚泡可自由地从一侧子宫角转移到另一侧子宫角，最终导致两个子宫角中有基本上同等数量的着床胚泡。

胚泡在子宫角游离时间愈长，着床率愈低，胎产仔数量愈少，这是水貂繁殖与其他动物不同的地方，提高水貂繁殖率这一环节是关键。

着床后的发育：胚泡在子宫内着床后，母体的子宫内膜与胚胎的绒毛膜形成胎盘，它是胚胎得到氧气和养料的主要器官，胚胎与母体物质交换通过胚胎进行。着床后的发育，是胚胎发育的主要阶段，一般较为恒定，为(30±2) d。

②分娩。发育成熟的胎儿通过阴道产出体外的生理过程称为分娩。临产时母貂身体发生一系列的生理变化，如骨盆韧带松弛、子宫颈扩张、排出初乳等。胎儿从子宫里娩出的动力主要是在催产素的作用下，子宫肌发生阵发性强烈收缩。分娩过程可分为 3 个期：子宫颈口开大、娩出胎儿和娩出胎盘。

(8)泌乳。母貂分娩后的最初几天里，分泌的乳汁为初乳。它含有常乳所没有的蛋白质、各种免疫抗体和无机盐。它能增强仔貂的抵抗力并促进仔貂的迅速生长发育。仔貂生长发育相当迅速，初生重 8～11 g，40 日龄可达 218～300 g，增重 20～30 倍；初生仔貂体长 6～8 cm，40 日龄可达 22 cm 左右，增长约 3 倍。母貂乳汁中固体物质含量很高而水分少，营养成分丰富，能满足仔貂生长发育所需要的各种物质。所以，仔貂在哺乳期生长发育十分迅速。

(9)假妊娠。在母貂的繁殖中，有时会遇到假妊娠现象。即母貂在发情交配后，虽然未形成受精卵，或胚泡未能着床形成胚盘，却有一系列类似妊娠的征兆，但又不经产仔就消失了所有的妊娠征兆。假妊娠母貂在交配或假交配之后，黄体经过休眠期不仅未退化，反而增长并分泌孕酮，其直径达到 1 300 μm 左右，其后直径逐渐减小，即假妊娠黄体比妊娠黄体直径微小，只有 150～200 μm。血浆中孕酮水平在交配或假交配 15 d 之后缓慢增加，并在 30～40 d 达到最高水平线，然后缓慢下降。组织学研究证明，假妊娠母貂的卵巢中有小黄体存在，腺垂体中分泌 FSH（卵泡刺激素）的细胞明显增加，并有高度活性，因而刺激和促进了卵泡的成熟，所以卵巢中有成熟的卵泡，因此可出现"持续发情"。而正常妊娠母貂的腺垂体中没有或很少发现分泌 FSH 的细胞，卵巢中也没有相当于动情前期和动情期的成熟卵泡。

四、水貂一些重要的生理活动特点

1.新陈代谢

新陈代谢是水貂生命活动的基本特征。由于水貂具有季节性繁殖、季节性换毛的特点，故其新陈代谢水平也呈现明显的季节性变化。秋季要在机体内贮积营养物质，以备越冬需要，春季要进行交配繁殖，夏季幼龄貂处于快速生长发育时期。所以，通常水貂秋季的代谢水平高于冬季，夏季代谢水平高于春季，反映在对食物营养物质的需要方面，春、夏、秋季高于冬季，繁殖季节高于非繁殖季节。

不同性别的水貂，新陈代谢亦不同。雄貂的代谢水平高于雌貂，尤其是育成期，雄貂生长发育十分迅速，采食多是雌貂的 2 倍以上。

水貂的代谢水平还与年龄密切相关，幼龄貂新陈代谢特别旺盛，机体内强烈地进行着物质代谢的同化作用，各种器官逐渐发育成熟。同时，机体中产生各种生化体系，改变着机体对环境变化的反应性能，机体的重量迅速增加。仔貂从出生到 30 日龄，每天体重增加 5～6 g，10 日龄仔貂的体重是初生时的 4 倍，20 日龄体重是初生体重的11倍,30日龄体重是初生体重的18倍,40日龄体重可达初生体重的30倍以上。这表明,在幼龄貂的新陈代谢过程中,物质的合成作用(即同化作用)远远高于物质分解作用(即异化作用),尤其是体蛋白的合成作用十分强烈。

仔貂对体温、水和无机盐代谢的调节机能弱,大脑与感觉器官尚未充分发育,机体的许多酶系统未完全出现,形成抗体能力也很弱,因此对病原免疫力低,极易感染各种疾病。可见,对仔貂加强人工饲养管理工作是十分重要的。

幼龄貂机体组织结合水含量很高,因此幼貂的需水量比成年貂高得多,在饲养管理中应充分保证幼貂对水的需要。幼龄貂随着年龄的增加,机体含水量逐渐减少,干物质含量逐渐增加。机体的需水量及水在各种组织的分布情况,随饲料成分、动物生理状况、活动量大小而变化。水貂的饮水主要由小肠壁吸收,同饲料与消化液一起进入消化道的水,随消化道内的物质在消化道内下行移动,逐渐被大肠壁重吸收,只有少量水随粪便一起排出体外。水是蛋白质、脂肪、碳水化合物在水貂机体内氧化分解的最终产物之一。完全氧化1 g蛋白质可形成0.4 g水,氧化1 g脂肪可形成1.07 g水,氧化1 g碳水化合物可形成0.6 g水。机体的代谢水,同样对水貂的生存起着十分重要的作用。

幼龄貂育成期、雌貂妊娠期与产仔泌乳期、毛绒生长期,机体对无机元素的消耗量增加,因此对矿物质的需要量也随之增加。幼龄貂机体矿物质总含量比成年貂低,但钙和磷等重要矿物元素的含量还是相当高的。幼貂生长期间,骨骼系统的矿物质氧化过程特别旺盛,但血液中的矿物质成分并无明显变化,这说明,血液在动物早期即有保持一定无机物成分的能力。

2. 水貂肝脏在新陈代谢中的作用

肝脏是动物机体很重要的器官,几乎参与机体内的一切代谢过程。

肝脏在蛋白质的代谢过程中，起着特别重要的作用：各种血浆蛋白质的合成主要是在肝细胞中进行的，而且合成速度很快；肝脏含有分解蛋白质的酶类，是蛋白质分解代谢的场所；是脱氨基作用与尿素生成作用的主要器官。

肝脏在脂肪代谢中主要作用：肝能分泌胆盐，促使脂肪的消化与吸收，促进脂溶性维生素的吸收；在脂肪代谢中，使脂肪酸氢原子数减少，进而使饱和脂肪酸变为不饱和脂肪酸，以利于分解与转化；是磷脂化合物与酮体生成的场所。磷脂生成后，即转运到其他组织，供机体器官组织的建设或氧化。酮体类是脂肪酸代谢的中间产物。酮体类在肝中生成后，运送到肌肉等组织氧化产能，供生命活动之需。

肝脏在糖代谢中的作用：摄取血糖以及糖类分解产物（如乳酸）合成肝糖原，这样，即可把血中多余的糖类贮存起来，使血中葡萄糖与乳酸含量不致增加；利用蛋白质与脂肪的分解产物——氨基酸、甘油和一些脂肪酸经糖原异生的反应途径合成肝糖原；当血糖不足时，肝糖原即分解为葡萄糖，释放入血液中。由于肝糖原的生成和分解，使水貂机体血糖浓度保持相对稳定，保证了各器官组织对糖的需要。

此外，肝脏在水貂代谢过程中，还具有解毒的生理功能。物质在机体内反应时，产生一些有毒物质或某些药物、毒物通过消化、呼吸道误入机体，毒物随血液循环到肝脏，在肝内经氧化、还原等过程而变为低毒或无毒物，毒物溶解后随尿等排出体外。

3.体温及其调节

水貂是恒温动物，在正常情况下，体温是相对稳定的，水貂肛门内（即直肠）温度为39.5～40.5℃。一定高度的体温，是保证机体正常代谢的必需条件。在一定体温阈值内，参与机体代谢的各种酶系统，随体温升高而增加其活性。哺乳动物体内酶系统活动的适宜温度为30～40℃。当水貂因某种原因（如疾病）而使体温下降时，其代谢速率也下降；当体温升高到某种限度以上，则代谢发生严重障碍，甚至死亡。

体温相对稳定，依赖于机体产热过程及散热过程的动态平衡。环境变冷，机体产热过程增强，环境温度升高，则散热过程相对加强。因产热与散热都受到神经系统的下丘脑体温调节中枢及神经-体液机制的调节，所以，尽管外界气温变化大，而体温却相对恒定。

水貂的肝脏和肌肉是主要的产热器官，其产热量取决于代谢速率。水貂热量的散失主要依靠机体表面与外界环境接触，通过辐射、蒸发等方式散发。呼吸与排泄也可散发部分热量。

仔貂初生与哺乳期，某些形态器官发育不完全，恒温机制尚未建成，对环境温度变化适应力较弱，必须依赖雌貂供乳与保温，同时，也应加强人工保温与护理。

第五节　光周期与水貂换毛、繁殖的关系

一、光周期及其变化规律

光周期指白昼与黑夜周期性交替出现的节律。地球与太阳相对位置的改变决定了光周期变化的规律。地球绕太阳旋转，同时又不断自转，从而决定了地球上每个地区在一定日期内白昼与黑夜时间的长短。光周期变化是这样的：每年春分和秋分，白昼与黑夜时间相等，即白昼黑夜各占 12 h。春分之后，白昼逐渐增长，黑夜变短，到夏至，白昼最长，黑夜最短。夏至之后，白昼渐短，黑夜渐长，直到冬至，白昼最短，黑夜最长。冬至之后，白昼渐长，黑夜渐短，直到夏至。夏至之后又重复前一年相同规律的变化。这种变化年年如此。但不同纬度的地区昼夜时差变化的幅度不同，高纬度地区日照时间或昼夜时间差变化幅度大，而且急剧；低纬度地

区日照时间或昼夜时间差变化幅度小，而且缓慢。除春分和秋分外，不同纬度地区在同一天，不仅有不同的昼夜时差，而且有日照时间的纬度时差。以夏至为例，北纬 45°地区日照时数为 15 h 36 min，昼夜时差为 7 h 12 min；北纬 20°地区，日照时数为 13 h 20 min，昼夜时差为 2 h 40 min；两地昼夜时差相差 4 h 32 min。

二、光周期同水貂繁殖、换毛的关系

自然界中的环境因素是很多的，如湿度、温度、光周期、风、云、雨、雪以及食物等都影响着动物的生命活动，温度等环境因素受多种自然条件(如地形、寒流、暖流等)影响，在不同年度的相同时期，往往差异很大。而光周期这一因素，季节性变化最明显，最有规律。这种恒定的有规律的变化，对动物影响也最强烈。经过漫长的岁月，动物形成了与光周期相适应的有一定节律的周期性活动。如公鸡黎明时鸣啼就是一例。

这类周期性活动，在动物学上叫做生物钟。水貂的换毛、繁殖就是按着固有的生物时钟进行的。

自然状态下，水貂按季节 1 年繁殖 1 次，换毛 2 次，这种季节性的繁殖与换毛，是水貂祖先在北纬 40°以北地区长期系统发育过程中经自然选择而形成的。

秋分的 12 h 日照是水貂性器官开始发育的一种信号，称为“秋分信号”，它对水貂性腺的发育似乎起着类似于“扳机”的作用。在高纬度地区，秋分之后，日照时数迅速缩短，黑夜时数迅速增长，在这种光周期影响下，水貂性器官开始发育，雄貂睾丸逐渐变大，雌貂卵巢上的卵泡开始发育，子宫逐渐变粗。从秋分至冬至约经 90 d，冬至白昼时间降到最短。从冬至后，白昼时间又从最短逐渐延长，水貂性器官进一步迅速发育，开始产生成熟滤泡。当日照时数达 11 h 以上(3 月上旬)，即开始配种。到春分前配种结束。这一事实说明，水貂性腺发育和交配行为是一种短日照反应。春分之后，个别雌貂虽然也能配种，但空怀率高。生产实践表明，春分后配种的雌貂，繁殖成功的可能性很低。

春分后，白昼时间逐渐变长。随着配种后日照时数的增加，雄貂睾丸逐渐萎缩，雌貂卵巢上开始形成黄体，黄体机能开始活动，子宫发生一系列变化，为胚胎植入（着床）及植入后的发育创造了适宜的条件。春分的 12 h 日照是胚胎植入的一种“扳机”信号，这对雌貂卵巢形成妊娠黄体和胚胎植入可能是一种诱发机制。春分之后的长日照则是植入后胚胎发育的必要条件。水貂脱冬毛长夏毛也开始于春分之后，至 7 月上旬完成夏毛的生长发育。此时日照正是逐渐延长的时期，说明水貂夏毛的生长是一种长日照反应。随着夏至之后日照时间的逐渐变短，到 8 月末 9 月初，水貂即开始脱夏毛长冬毛，至 11 月下旬，冬毛发育成熟，可见，水貂脱夏毛长冬毛是一种短日照反应。水貂的这种随着光周期季节性变化而表现出的周期繁殖、换毛，叫做水貂的繁殖周期与换毛周期。

利用人工光周期改变水貂繁殖周期与换毛周期的科学试验，说明了水貂的繁殖、换毛周期与光周期变化规律密切相关（图 1-9）。光周期是调节水貂繁殖、换毛的主要外界因素，而不是温度或其他因素。

水貂夏毛一旦长发或发育成熟，利用人工缩短光照时数，即可加速夏毛的脱落及冬毛的生长。冬毛发育的速度是恒定的，与开始缩短日照的日期无关，即使在温度较高的春、夏季，给予水貂短日照也能促使其脱夏毛长冬毛，并获得成熟的冬季毛皮。从开始缩短日照到冬毛成熟，需 80～90 d。冬毛成熟后，逐渐增加日照（或光照）时间，则可加速性器官发育，经 60～70 d 性器官发育成熟，即发情交配。如在冬毛发育成熟之前延长光照，会阻滞冬毛发育，性器官发育也受到抑制。

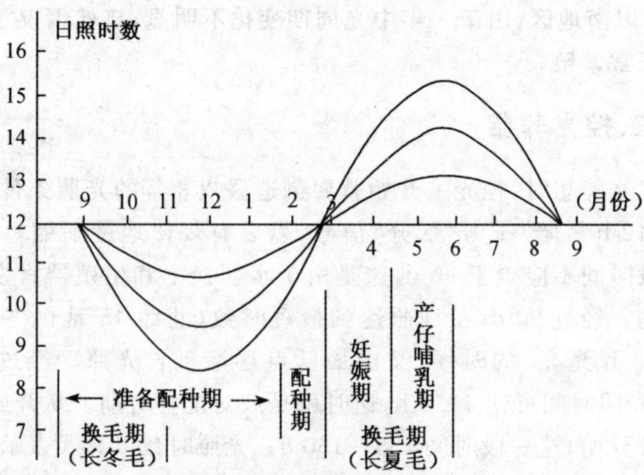

图 1-9　水貂繁殖、换毛同光周期的关系

水貂的冬毛生长存在一个不应期。冬毛成熟后，延长光照时间，虽可加速性器官的发育，但并不引起夏毛的生长发育，直到发情交配之后，雄貂睾丸萎缩，雌貂卵巢形成黄体，进入妊娠期，才开始夏毛的生长。

配种结束，给予 12 h 春分信号，随后又逐渐增加光照时间，可加速脱冬毛长夏毛，并能促使胚胎植入，缩短妊娠期。从而可减少胚胎在植入前游离期（又叫滞育期）的死亡。因此，在水貂配种结束后，人为用灯光延长光照时间，对提高繁殖力是有利的。

然而，必须注意由于纬度的不同，秋分信号和春分信号到来的早晚不同，因而水貂的配种期到来的早晚也不同，在自然情况下，由于纬度越高春分、秋分信号到来得就越晚，所以配种期就越晚。在一定范围内纬度越低，水貂发情越早。然而，高纬度地区光照时数的季节性变化，是水貂季节性繁殖的主要信息和必要条件，一年中水貂由非繁殖期转至繁殖期，必须有短日照条件，因此，季节性变化不明显的光周期，往往导致繁殖的失败。在北回归线（北纬

23.5°)以南地区，由于一年中光周期变化不明显，自然情况下水貂不能正常繁殖。

三、控光养貂

控光养貂时，控光一开始就要创造昼夜相等的光照条件(12 h光亮/12 h黑暗)作为“秋分”信号，以后有规律地逐渐缩短光照。这一段时间不应少于 90 d，这是由于水貂换毛和生殖器官发育所需要的。经过 90 d，在日照达到最短时数(北纬 45°地区冬至时，7.5～8 h 光亮)的时候，又由最低点逐渐延长光照。经过 65～70 d，光照时间可达 11.5 h，这时就是放对配种时期。从开始控光到配种开始，这一段时间 155～160 d。光照时数以算式表示如下：

$$\sum_{155-160}=\frac{12\text{ h}\rightarrow 7.5\sim 8\text{ h}}{90\text{ d}}+\frac{7.5\sim 8\text{ h}\rightarrow 11.5\text{ h}}{65\sim 70\text{ d}}$$

在配种基本结束后，应给予 12 h 的光照作为“春分信号”，然后逐渐增加光照，经 30～40 d，到产仔时光照达到 15 h，并保持到产仔结束。其间光照时数按以下算式表示：

$$\sum_{45-50}=\frac{11.5\rightarrow 12\text{ h}}{10\sim 15\text{ d}}+\frac{12\rightarrow 15\text{ h}}{30\sim 40\text{ d}}\text{(产仔)}$$

第二章　貂场建设

第一节　场址选择

水貂场选址是一项很重要的技术工作。场址选择得是否合适，直接影响到将来的生产好坏，因此在建水貂场之前，必须根据水貂饲养场建场要求，认真进行选场。

大型水貂场，由于饲养量大，在选择场址前应对新建场的生产规模、将来貂群发展情况作全面规划，然后才能选场，选定的场址要适合水貂的生物学特性，使水貂在人工饲养管理条件下能更好地生长繁殖，给水貂生产带来理想的生产场地。如果轻率地定点建场，会给将来的水貂生产带来很大困难。

选择水貂饲养场场址，应首先考虑饲料条件、当地的自然条件及交通运输条件。

一、饲料条件

水貂是以动物性饲料为主的肉食性动物，也就是说动物性饲料是水貂饲养场重要的物质基础。例如，每饲养 100 只基础种母貂，一年需要 22～25 t 动物性饲料和足够的植物性饲料和蔬菜。在选场址时，必须首先考虑饲料来源，尤其是动物性饲料。养貂场应修建在饲料来源广，而且容易获得的地方。如畜禽屠宰加工厂、冷冻厂、肉类联合加工厂所在地和江、河、湖、海及水库岸边，或其他畜牧业发达的地方。

如果一个水貂场的饲料难以解决，将使整个生产工作处于被动地位。因此，没有饲料来源或饲料来源不足的地方，不适宜建水貂场。

二、自然条件

1. 地形地势

水貂场应选择地势较高、排水良好、地面干燥的地方建设。在背风向阳的南或东南坡，在能避开寒流侵袭及强风吹袭的山谷、平原选场较为理想。在山地或丘陵地区，貂棚可以修建成梯形。

在我国低纬度地区，应充分利用当地有利地势，把貂场建在高山、盆地、峡谷的一定位置，使貂场附近的高山在秋分后起到延迟日出或提前日落，缩短当地自然日照的作用，促进准备配种期水貂生殖器官发育，达到正常繁殖的目的。在秋分和冬至太阳出没方向，有高山作为遮光屏障的地方修建貂场，遮光效果比较理想。

低洼泥泞的沼泽地带，经常出现洪水泛滥或云雾弥漫的地区，不适宜建貂场。

2. 水源、土质

水貂饲养场因加工饲料、清扫冲洗、水貂饮用等都需要水，所以在没有自来水供应的地方，水貂场应建在小溪、河流、湖泊、水库附近，或有清洁地下水的地方。

值得注意的是，在选择水源时，不要把死水池塘或带有地方病的水源误认为良好水源。这样的水给水貂饮用，也会引起疾病和给貂场职工健康带来危害。

貂场所在地要求透水性好，便于清扫和排出污水，貂场适宜建在沙土、沙壤土或壤土上。黏土等透水性差的地方不适宜建貂场。

三、社会环境条件

1. 交通、电源

水貂场不能建在交通要道旁边，但必须建在交通运输比较方便的地方。这样才能保证饲料及其他物资的及时运输。

电源是水貂场的重要条件,饲料加工调制、饲料冷冻贮藏、控光养貂及貂场进行各种科学试验,都必须有电源作保证,无电或电源不足的地方不能建貂场。

2.环境卫生

貂场应建在远离畜牧场及养禽场的地方,以预防同源疾病的相互传染。如果当地发生过禽、畜传染病,必须经过严格的消毒灭菌处理,符合卫生防疫要求方可在此建场。貂场还应与居民区保持一定距离,防止人、畜活动传播疫病。

貂场的环境要僻静,因此要离交通要道一定距离,并远离工厂、矿区。

3.土地条件

貂场的土地面积应宽敞开阔,要同本场水貂生产发展规划相适应。但是尽量避免与农作物争地,尽量利用贫瘠土地或闲散地修建貂场。

第二节 貂场的建设和设备

貂场场址选择好以后,应全面地、科学地设计出貂场各部分建筑的具体位置,使各部分建筑有一个较为合理的布局。例如,饲料加工室与貂栋之间,既要保持一定距离,又不能相距太远,以便达到既符合防疫原则,又使饲料运送比较方便。饲料冷藏室及干饲料仓库应靠近饲料加工室,以便取运饲料方便。病貂隔离治疗场应远离大群饲养场,防止疾病蔓延。貂场的附属建筑,如办公室、职工宿舍、职工食堂、家属住宅,更应建在距貂场较远的地方。

一、貂棚

貂棚有两种,普通貂棚和控光貂棚,普通貂棚适宜建在高纬度的地带,光周期变化能满足水貂生理变化的需要。控光貂棚适宜建在低纬度的地方,光周期的变化不能满足水貂一年中生理变化的需要,必须通过控光来保证。

1. 普通貂棚

貂棚是放置貂笼舍的简易建筑物,它能使笼舍和水貂不受雨雪的侵袭和烈日的直射,是水貂场重要的建筑之一。

修建貂棚的材料没有硬性规定,可以因地制宜,就地取材。可以用角钢焊成人字架,柱子用角钢或圆钢,上面用石棉瓦搭棚。也可以用砖、沙、水泥修成 24 cm 见方的砖垛子,用木头做人字架,上面盖草。可以根据自己的具体情况因陋就简,因料设计。

貂棚走向、配置对温度、湿度、通风和接受光照等都有很大的关系。设计修建貂棚时,应考虑到夏季能遮挡太阳的直射光,通风良好;冬季能使貂棚的两侧较平均地获得日光,避开寒流的侵袭。貂棚的走向,可根据当地的地形及所处的地理位置而定。

普通貂棚只要修建棚柱、棚梁和人字架、加盖棚盖就可以了,不需要修建四壁墙。

貂棚的长度不限,以操作方便为原则。一般长 25～50 m 或更长一些。棚宽 3.5～4.0 m,貂棚与貂棚之间距离 4 m 左右。棚间距离不能太宽,也不能太窄。太宽占用土地多造成浪费;太窄水貂得不到必要的光照条件,夏季通风不良,容易引起水貂中暑。棚檐高 1.4～1.6 m。为便于饲养员工作,棚顶盖要做成人字形的。貂棚要求结构简单、坚固耐用。

2. 控光貂棚

控光貂棚可以在普通貂棚基础上改造,也可以重新设计建造。它除了具备普通貂棚的作用外,还具有控光的特殊作用。因此,改建或新建的控光貂棚,在遮光时应达到遮光严密、通风良好的要求,同时还要方便操作。

为使控光效果更加理想,同时节省遮光材料,在新建控光貂棚时，棚檐高度可适当降低。控光貂棚的两端用苇席、竹席、油毡纸或砖坯等遮光材料分别修建一拐弯的通风道。这种通风道要拐3～4个弯。它的作用是在关闭遮光设备时，保持貂棚内外空气畅通，同时遮挡住棚外光线射入棚内，饲养人员可以在通风道内通行（图2-1）。

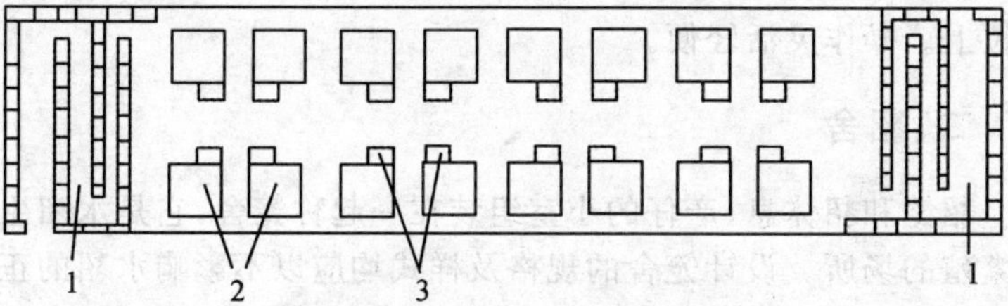

图 2-1　控光貂棚横断面

1. 拐弯通风道　2. 貂笼　3. 小室

在气温较高的低纬度地区，控光貂棚的顶盖上还必须安装2～4个拐弯的通风口。有的用几节炉筒和拐脖安装在棚顶上就达到了通风遮光的效果。控光貂棚的两侧利用各种遮光材料做成控光门、控光帘或控光板等，这里介绍几种较适用的控光貂棚。

（1）门式控光貂棚。用木方钉成大小合适的木框，在木框上钉一层油毡纸和一层竹席，做成较为轻便耐用的控光门，再用合叶安装在貂棚两侧的棚柱上。貂棚的每小间安装两扇门，可以灵活地对开。

（2）窗式控光貂棚。在貂棚两侧棚檐下，用砖或土坯修砌一道高30～40 cm的矮墙。在棚檐下边缘固定一结实木方，木方上用合叶连接能关闭和撑开的遮光板。遮光板用大小合适的木框钉成，并在木框上钉上油毡纸和苇席制成。遮光板左右方及下方，油毡纸和苇席边缘伸出木框外5～6 cm，使之关闭遮光板时遮光严密。

(3)帘式控光貂棚。用结实的帆布制成遮光布帘。布帘高与貂棚檐高相等,宽度不限,4～6 m 或更宽均可。布帘里面刷上黑色油漆,用以吸收可见光谱的可见光线;布帘外面刷上白色油漆,用以反射可见光谱的全部光线。这样刷漆后,可以提高遮光效果,延长布帘的使用年限。布帘上端用定滑轮固定在棚檐上,下端固定一根较重的木棍或铁棍。遮光时,把布帘放下。不遮光时,把布帘拉上。操作灵活轻便。

二、貂舍

貂笼和貂休息、产仔的小室组装在一起称笼舍,它是水貂生活和繁殖的场所。设计笼舍的规格及样式均应以不影响水貂的正常活动、生长发育、繁殖与换毛等生理过程为前提,只要能节省材料,构造简单耐用,符合卫生要求,不易跑貂,饲养管理操作方便,任何笼舍均可采用。

貂笼和小室一般分别制作,统一安装固定在貂棚两侧。也可用铁丝把貂笼拴挂在貂棚上,笼下垫以木架或铁架或垫砖,再把小室同貂笼连接固定在一起。这样安装的笼舍搬移和拆除都比较方便。

大型饲养场,貂的笼舍多为双层安装(图 2-2)。小型貂场笼舍多单层安装。种貂单层饲养,对繁殖有利。商品皮貂双层饲养,可提高貂棚的利用率。

貂笼用细钢筋做成一框架,然后用焊接网附贴在框架上即可。如果用 14 号铁丝制成焊接网,因铁丝较粗,制成笼后较硬实,可以不做框架。如果用较细的 16 号铁丝制成的焊接网,就需要做框架。焊接网网眼要求 2 cm×2 cm。也可以用一些加工厂生产的下脚料——带孔的铁皮制成,这样的貂笼成本更低。貂笼的规格为:种貂用笼长×宽×高为 70 cm×55 cm×40 cm;商品皮貂用长×宽×高为 60 cm×50 cm×35 cm。笼门规格:种貂笼高×宽为 30 cm×30 cm;商品皮貂笼高×宽为 20 cm×20 cm。

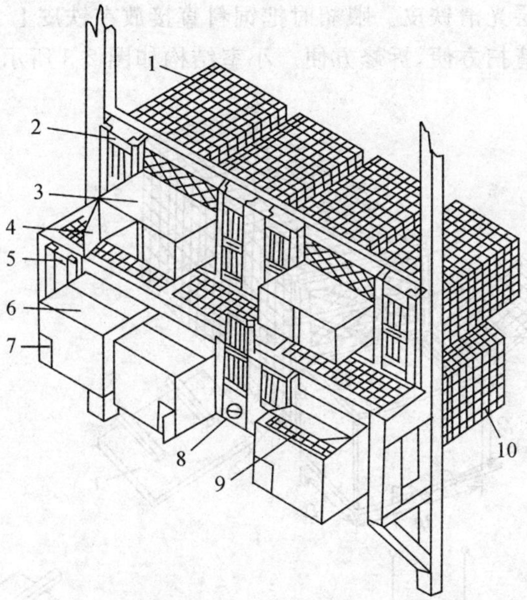

图 2-2　水貂双层笼舍结构

1.仔貂笼　2.仔貂喂食门　3.仔貂小室　4.仔貂小室门　5.种貂喂食门
6.种貂小室　7.走廊门　8.喂食盘　9.二层网盖　10.种貂笼

小室的规格有几种情况:小室带活动隔的规格为长×宽×高为 45 cm×35 cm×45 cm,出入圆孔直径 10 cm,小室后门宽×高为 12 cm×22 cm。小室中间插有活动隔板。平时插上隔板,饲养 2 只貂。从妊娠期到仔貂分窝之前这一段时间,则取出隔板,饲养 1 只种貂。这种笼舍显著地提高了利用率。不用食盘笼舍的小室规格长×宽×高为 38 cm×32 cm×35 cm。小室底距小室圆孔中心高 20 cm。小室底做成活动式,底的一边用合叶固定,另一边用挂钩挂上,当需清扫时,摘下挂钩小室污物即掉在地上。小室用插销或挂钩固定在貂笼的木框上,可以随时取下或挂上。在小室上面的貂笼木框上,做一开关门,门的里侧下框用木板钉一盛食台,台上钉一层光滑铁皮。喂貂时把饲料直接放在铁皮上。这种小室的优点是清扫方便,拆修方便。小室结构如图 2-3 所示。

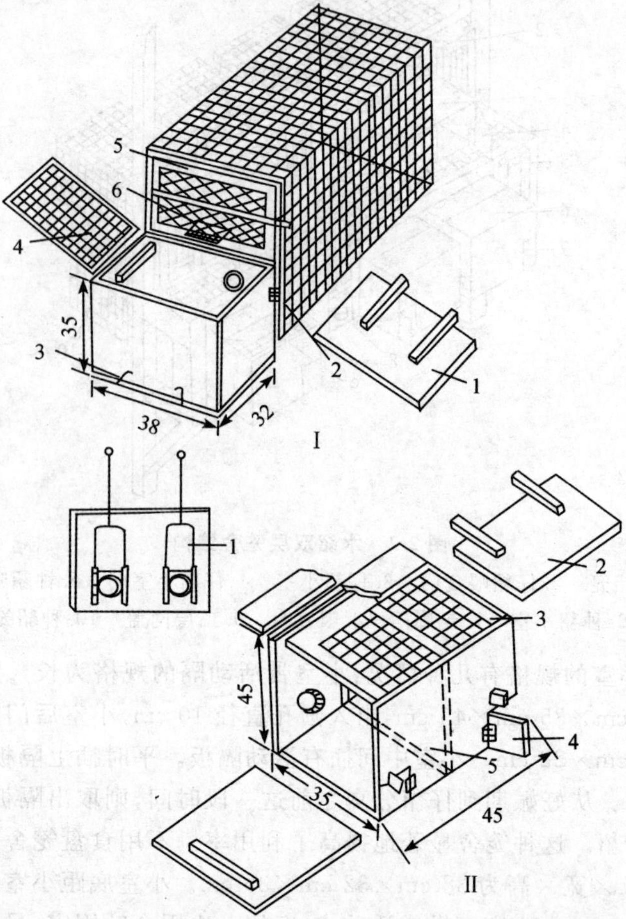

图 2-3 小室的结构(单位:cm)

Ⅰ不用食盘的笼舍 1.小室盖 2.插销活页 3.活底挂钩 4.小室二层盖 5.笼门 6.盛食台 Ⅱ带隔板小室 1.插板 2.小室盖 3.小室二层盖 4.小室门 5.隔板

在制作和安装貂笼和小室时，应注意以下情况：

(1)貂笼和小室的平面不得有铁丝头、钉尖、铁皮尖露出，以防划伤水貂毛皮。

(2)貂笼底离地面 30～40 cm 为宜，以便清扫。貂笼摆放时相邻的两个笼之间应留 4～5 cm 的距离，防止水貂相互咬伤。

(3)使用食盘喂饲料的笼舍，在貂笼内应安装食盘架固定食盘，防止水貂把盛有饲料的食盘拖走弄翻，浪费饲料。

(4)貂笼内应安放饮水盒。安装的水盒要既便于冲洗添水，又便于水貂饮用。有条件的貂场应设计安装自动或半自动饮水装置。

第三节　其他设备和用具

一、饲料加工室

饲料加工室是冲洗、蒸煮、绞制和调配饲料的地方。为了便于洗刷，有利于卫生，室内地面和墙壁基部四周应用水泥抹制。饲料加工室大小视种貂群规模而定，在室内应设置洗涤设施、熟制设施、粉碎机、绞肉机、搅拌机、电动机等。

二、冷库

冷库用于冷冻和贮藏动物性饲料，是大、中型貂场的重要设备之一。冷库速冻间的温度要调至－25℃以下，贮藏间的温度要达到－10℃以下，保证动物性饲料在一定时间内不会腐烂变质。

小型貂场可在背光阴凉地方或地下修建简易冷藏室。这种简易冷藏室造价低，保管简便，但室内温度较高，饲料保存时间短。

三、毛皮加工室

毛皮加工室是剥取水貂皮，并进行初加工的场所。加工室内设有供剥皮、刮油、洗皮等工序用的操作台。在加工室旁边应修建毛皮烘干室，室内设置若干晾皮架备用。

四、综合技术室

综合技术室包括兽医室、分析化验室和科学研究室 3 个部分。兽医室负责水貂场的卫生防疫和病貂诊断及治疗等。分析化验室负责水貂饲料营养成分分析、毒物鉴定、病原体培养和药敏试验等。

五、其他设施和用具

1. 其他用具

除了貂棚、貂笼舍以外，还要根据本场具体情况，购置或制作一些常用工具，如种貂运输笼箱、串貂笼箱、自动捕貂笼箱、捕貂网（图 2-4）。

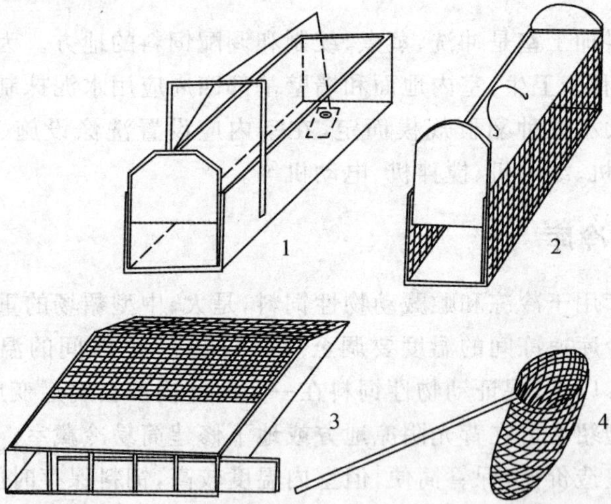

图 2-4 貂场用具

1. 自动捕貂笼箱 2. 串貂笼箱 3. 种貂运输笼箱 4. 捕貂网

2. 其他设施

(1)围墙。为防止水貂逃跑,貂场必须建围墙。围墙也要就地取材,土坯、砖头、石头、木板等都可以做材料。围墙里面必须平滑,墙的高度以 1.8～2.0 m 为宜。

(2)仓库。主要用于贮存谷物性饲料及其他干饲料,库内要阴凉干燥。它应设在饲料加工室附近,便于取料。

(3)菜窖。在我国高纬度地区冬季时间长,所用青菜必须秋天贮存,所以必备菜窖,每年贮存一部分青菜供水貂慢慢饲用。

第三章　水貂的选育

养殖水貂的目的，是获取优质貂皮。提高貂皮质量的途径很多，但最根本的是水貂本身必须有能产生优质貂皮的基础，也就是有优良毛皮性状的遗传基因，否则即使其他外部条件再好，也不可能得到优质毛皮。然而，即使貂场的水貂有了优质貂皮的遗传特性，如果不通过一些必要的育种措施去发挥它、提高它，这些优良的遗传特性也不会在貂群中得到巩固和扩大，甚至还会退化丢失。因此，水貂饲养者应该掌握水貂主要经济性状的遗传和变异规律，发现并选择出带有优异性状基因的水貂，通过育种措施扩大和改良现有优良水貂品系，并创造出新的优质高产品系，以达到提高种貂品质、增加良种水貂数量、改进貂皮质量的目的。

第一节　水貂的品系(种)

随着养貂业的迅速发展，水貂的育种工作不断加强，目前在野生水貂的基础上已经培育出多个水貂品系(种)。现将主要水貂的品种特性及生产性能介绍如下。

一、标准貂系列

1.丹麦标准色水貂

丹麦标准色水貂与金州黑色标准水貂体型相近，疏松型体躯，毛色黑褐，针毛粗糙，针绒毛长度比例较大，背腹毛色不尽一致，但其适应性强，繁殖力高。

2. 美国短毛漆黑色水貂

美国短毛漆黑色水貂由美国引进,毛皮呈深黑色,毛绒短齐,鼻、眼部色泽深,其皮层内色素聚集,新生水貂容易与其他标准貂区别。其体躯紧凑,体型清秀。

3. 加拿大黑色标准水貂

加拿大黑色标准水貂体型与美国短毛漆黑色水貂相近,但毛色不如美国短毛漆黑色水貂深,体躯较紧凑,体型修长,背腹毛色不太一致。

4. 金州黑色标准水貂

金州黑色标准水貂是由辽宁金州珍贵毛皮动物公司历时11年(1988—1998年)培育出来的品种。具有体型硕大,体躯略疏松,毛绒品质优良,生长发育快,繁殖力高,遗传性稳定,适应性强等优良特征。

二、丹麦棕色貂系列

1. 丹麦深棕色貂

丹麦深棕色貂从丹麦引入,在黑暗环境下与黑褐色水貂毛色相似,但在光亮环境下,针毛黑褐色,绒毛深咖啡色,且随光照角度和亮度不同,毛色也随之变化,其毛色属国际市场的流行色。

2. 丹麦浅棕色貂

丹麦浅棕色貂从丹麦引入,体型较大,针毛颜色呈棕褐色,绒毛呈浅咖啡色,活体颜色较深,棕色鲜艳。

三、彩色水貂系列

彩色水貂是黑褐色水貂的突变型。彩貂皮多数色泽鲜艳,绚丽多彩,有较高的经济价值。主要包括咖啡色水貂系列、蓝色水貂系列、黄色水貂系列、白色水貂系列、黑十字水貂系列等。

第二节 水貂重要的性状

所谓性状，是指生物的形态或生理上的特征特性，如水貂毛被颜色、毛长、毛密度、体重、体长等，可分为质量性状和数量性状。水貂的各种性状和其他动物一样都是受其体内遗传因子——基因控制的。基因位于体内大部分细胞核中的染色体上，是染色体最重要的组成成分脱氧核糖核酸（DNA）分子的一部分结构。一个基因代表一种遗传信息，因此，DNA 分子贮存着控制生物性状发育的遗传信息，而染色体则是载着遗传物质的载体。水貂体细胞的细胞核内含有 15 对染色体，其中 1 对是性染色体，其他的称为常染色体。除了雄性水貂的 2 个性染色体是由 X 染色体和 Y 染色体组成的外，其他每对染色体在形态结构等特征上完全一样。这些成对染色体一半来源于母本，另一半来源于父本，这种含有成双数目染色体的体细胞或个体叫做二倍体。成熟的生殖细胞即精子和卵子里的染色体数目比体细胞少一半，为单倍数，叫做单倍体。染色体能够进行自我复制。精子和卵子之所以能够起到遗传的桥梁作用，就是因为通过精子和卵子内的染色体分别把父母亲本的基因传递给了后代；子代所以会发育成与父母相似的性状，就是因为它获得了来源于父母亲本染色体带来的基因；而子代性状所以会表现出有异于父母亲本的遗传现象，也就是因为来源于双亲染色体所带来的基因差异，经过精子和卵子的结合、发育而体现的。

一、质量性状

质量性状是指由一个或几个（甚至几十个）有明显效应的基因所决定的性状，相对性状间有明显表型可以区分。这些表型之间是中断的、不连续的。水貂最重要的质量性状是毛色类型，其中标准色是由二十几个有明显效应的基因所控制，若其中任何一个基因发生突变，都可以使水貂的毛色发生变异，成为彩貂中的一种。水貂质量性状的遗传方式，基本上受孟德尔遗传规律所支配。质量性状一般不容易受环境的影响而发生变异。

二、数量性状

数量性状是指动物身上的一些可以用数量表示的性状。水貂的一些主要经济性状如体重、体长、毛长、毛密度、产仔数等都是数量性状。数量性状是连续性变异的，如水貂的体重在一定变异幅度内，从高到低可以出现某种单位的任何数值。数量性状对环境的影响比较敏感。假定控制某一性状的基因型及其作用相同，该性状在环境条件如气候、营养水平、病菌侵袭等影响下，容易表现出一定范围内的数量变化。即任何数量性状都同时受遗传基础和环境条件的双重影响。同一个数量性状受到许多基因的作用，而每一个基因的作用效应是很微小的，所以叫微效多基因。因为这类基因的作用效果是累加式的，故又称为累加基因或加性基因。虽然孟德尔遗传规律是分析数量性状遗传规律的基础，但在实际育种工作中，必须运用数量遗传育种学知识对数量性状评定和选择。

第三节　水貂重要性状的遗传规律

一、毛皮

水貂毛皮的质量主要由毛色和毛绒品质所决定，然而水貂的毛色和毛绒质量具有不同的遗传方式。

1. 毛绒

水貂毛绒品质属于数量性状，数量性状的改良是根据其遗传参数进行的。毛绒性状有几个方面，绒毛和针毛的密度、长度、细度以及毛色深度等。对针毛密度遗传力以半同胞估计为0.33，以子亲回归估计为0.38；绒毛密度的遗传力按上述2种方法估计分别为0.44和0.46。如果进行密度大与密度大的个体、密度小与密度小的个体同质交配，按子亲相关和回归计算，遗传力为0.40～0.83。如果进行密度大的个体与密度小的个体异质交配，遗传力则为0.22～0.45。

水貂腹部毛绒稀是一种缺陷，原因是一种遗传性的毛绒脱落。当父母双方都有腹部毛绒稀疏时，仔公貂中有65%出现这种缺陷，雌仔貂有30%存在这种缺陷。当只有一方亲本有这种缺陷时，公、母仔貂中存在这种缺陷的比率为44%和23%。如果双亲都是正常的，仔貂中出现这种缺陷的只有19%和7%。用子亲回归估计遗传力达0.62。遗传力如此之高，提醒我们必须对缺陷的水貂进行严格淘汰，在群体中逐步淘汰消除这类缺陷，否则将对毛皮质量有严重的影响。

标准水貂毛色深度是一种重要的经济性状，毛色是由质量基因决定的，但在这个毛色基础上有深有浅。这种深浅之分不决定标准貂毛色基因本身，而决定修饰基因。修饰基因是一种对主要基因起辅助作用的基因，也只有在主要基因存在时才起作用。毛色深度的修饰基因只有在标准貂毛色基因存在时才起作用。修饰基因是多基因，每一个基因只起较小的作用，许多修饰基因的累加作用，实际上同加性基因有相似的遗传规律。因此，毛色深度遗传同体重、毛绒密度等的遗传方式是相同的。如果进行毛色深度的选择，会使毛色很快加深，说明这种性状的遗传力是较高的。

2.毛色及彩貂育种

水貂的毛色类型属于质量性状，其基因遗传规律符合孟德尔的分离定律、自由组合定律和摩尔根的链锁与交换定律三大定律。

控制水貂毛色的基因有21对，代表标准貂毛色基因的符号为:PP IpIp GG AIAI BB BgBg BiBi BsBs BaBa BmBm BpBp CC HH OO ff ss cmcm ebeb jj fifi cscs。彩色水貂是标准貂毛色基因突变及其组合而成,目前,水貂毛色基因发生突变的已有30多个,组合型已增加到百余种,有些彩貂具有较高的经济价值,如岩红色水貂(aa pp baba bmbm)皮单价比标准貂皮高10~15倍,玫瑰色水貂(Ff bb t^st^s kk)皮的单价高达标准貂皮的25~40倍。

目前,世界上通用的彩色水貂名称和基因符号,有美国和斯堪的纳维亚两个系统,后者主要用于丹麦、瑞典、挪威、荷兰和俄联邦(前苏联)等国家,如表3-1所示。

表3-1 彩色水貂名称及基因符号

中文名	英文名	基因符号	
		美国系统	斯堪的纳维亚系统
灰蓝系			
银蓝色(白金色)	Silverblu(platinum)	pp	Pp
阿留申(枪钢色)	Aleution(gunmetal)	alal	aa
拟银蓝色(拟白金色)	Imperial Platinum	ipip	ii
钴色	Coblt	gg	—
钢蓝色	Steelblu	p^sp^s(p^sp)	p^sp^s(p^sp)
浅褐系			
咖啡色	Pastel	bb	bb
绿眼咖啡色	Green-eyeb Pastel	bgbg	gg
拟咖啡色	Imperial Pastel	bibi	jj
索克洛特咖啡色	Socklot Pastel	bsbs	t^st^s
琥珀金咖啡色	Ambergold Pastel	baba	rr
美国米黄色	American Palomino	bpbp	kk
瑞典米黄色	Swedish Palomino	bs^sbs^s	t^pt^p
莫依而浅黄色	Moyle buff	bmbm	mm
潘林浅黄色	Perrin buff	bp^bbp^b	—
芬兰白色(金土米黄色)	Finn white (Jenz Palomino)	bs^mbs^m	t^wt^w
白色系			
黑眼白色	Hedlund white	hh	hh

续表 3-1

中文名	英文名	基因符号	
		美国系统	斯堪的纳维亚系统
白化	Albino	cc	c^hc^h
北欧浅黄色 (北欧白)	Nordic buff (nordic albino)	bs^abs^a	t^nt^n
火绒草色(歌夫斯)	Edelweiss(goofus)	oo	oo
显性突变型			
煤黑色	Jet black	JJ(Jj)	NN(Nn)
银紫貂色(蓝霜色)	Silver sable(Blufrost)	Ff	Ff
黑十字色	Black cross	SS(Ss)	SS(Ss)
黑蓝色	Ebony	Ebeb	Ee
科米拉	Colmira	Cmcm	—
"显性白"	"Dominante white"	Ff Ss (SS)	Ff Ss (SS)
王冠貂	Crown sable	CsCs	—
组合色型			
蓝宝石色	Sapphire	alal pp	aa pp
银蓝亚麻色	Platinum blond	bb pp	bb pp
依立克	Eric	alal bb	aa bb
芬兰黄宝石色	Finn topaz	bb b_sb_s	bb t^st^s
珍珠色	Pearl	alal bpbp	Pp kk
浅紫色	Lavaender	alal bmbm	aa mm
红眼白(帝王白)	Regal white	bb cc	bb c^hc^h
米黄色十字貂	Palomimo cross	bpbp Ss	—
银蓝色十字貂	Blucross	Pp Ss	pp Ss
青铜色十字貂	Aleutian cross	alal Ss	aa Ss
白化十字貂	Cross white	cc Ss	c^hc^h Ss
咖啡色十字貂	Pastel cross	bb Ss	—
浅黄褐色	Ofawn	bb bmbm	bb mm
春意咖啡色	BOS. Pastel	bb Ff	bb Ff
春意银蓝色	BOS. Platinum	pp Ff	pp Ff
春意枪钢色	BOS. gunmetal	alal Ff	aa Ff
蓝鸢尾草色	Blue iris	alal p^sp^s (p^sp)	aa p^sp^s (p^sp)
芬兰珍珠色	Finn pearl (Blue beige)	pp bs^mbs^m	pp t^wt^w
瑞典珍珠色	Swedish pearl	pp bs^sbs^s	pp t^pt^p
瑞典白色	Swedish white	cc bs^mbs^m	$c^hc^ht^wt^w$

续表 3-1

中文名	英文名	基因符号	
		美国系统	斯堪的纳维亚系统
索克洛特咖啡银色	Socklot pastel silver	bb pp bsbs	bb pp t^st^s
"希望"	Hope	pp alal baba	pp aa rr
冬蓝色	Winterblu	alal bb pp	aa bb pp
紫罗兰色	Violet	alal bmbm pp	aa mm pp
乳白色	Opaline	bb bmbm pp	bb mm pp
粉红色	Pink	alal baba bmbm pp	aa rr mm pp
玫瑰色	Rose	Ff bb bsbs bpbp	Ff bb t^st^s kk

根据引起彩貂毛色发生变化的基因型不同,可将彩色水貂划分为隐性突变型,如阿留申貂(aa)、银蓝色貂(pp)、白化貂(cc)、咖啡色貂(bb)等;显性突变型,如黑十字貂(SS、Ss)、银紫色貂(Ff)等和组合型,如蓝宝石色貂(aa pp)、银蓝十字貂(pp Ss)、帝王白貂(bb cc)。根据对控制毛色特征起主要作用的基因(特征基因)数不同,通常将彩貂分为1对特征基因彩貂、2对特征基因彩貂、3对特征基因彩貂、4对特征基因彩貂等。只要了解了亲本的基因型,就可以有计划地进行彩貂的育种工作。

(1)1对特征基因彩貂的育种。1对特征基因彩貂育种的最基本方法是进行纯种繁育。但是,由于彩色水貂的数量往往有限,为避免造成近交退化现象,应有计划地与标准貂进行杂交,然后再通过横交或与回交分离提纯,达到换血和保种的目的。

显性突变型彩貂与标准貂杂交,其杂种一代的表现型均为基因型杂合的彩貂;隐性突变型彩貂与标准貂杂交,其后代均为基因型杂合的暗褐色貂(标准貂)。下面以阿留申貂(aa)、黑十字貂(SS)为例,将1对特征基因彩貂的育种方法介绍如下:

①阿留申貂

aa　×　AA

阿留申貂↓暗褐色(标准貂)

Aa　×　Aa(横交)

暗褐色　↓

1AA＋2 Aa＋1aa(1/4)

暗褐色 暗褐色 阿留申貂

aa　×　AA

阿留申貂↓暗褐色(标准貂)

Aa　×　aa(回交)

暗褐色　↓　阿留申貂

1 Aa　＋　1aa(1/2)

暗褐色　阿留申貂

②黑十字貂

SS　×　ss

黑十字　↓　暗褐色(标准貂)

Ss　×　Ss(横交)

黑十字↓

1SS　＋　2Ss　＋　1 ss(3/4)

黑十字　黑十字　暗褐色

SS　×　ss

黑十字　↓　暗褐色(标准貂)

Ss　×　SS(回交)

黑十字　↓　黑十字

1SS　＋　1Ss(2/2)

黑十字　黑十字

在显性突变型中，有些基因只有在杂合时才形成特有的表现型，如黑十字貂(Ss)就是如此。在黑十字貂的杂合个体中，由于部分个体黑毛明显多于白毛，难以辨认出黑十字特征。黑毛过多个体的出现率，与选配组合有关(表3-2)。

表3-2　不同选配组合与黑毛过多个体出现率的关系

(朴厚坤、张南奎，毛皮动物饲养学，1981)　%

选配组合(公×母)	子一代表现型			黑毛过多个体的出现率
	SS	Ss	ss	
SS×ss	—	100	—	7
Ss×Ss	25	50	25	5.8～6.1
Ss×ss	—	50	50	23～25

(2)2对特征基因彩貂的育种。2对特征基因彩貂的育种，包含已有彩貂的保种(略)和利用现有一对相关特征基因彩貂进行杂交组合两种方式。以蓝宝石貂(aapp)为例，它有1对阿留申貂基因(aa)和1对银蓝色貂基因(pp)，因此将这两种彩貂进行杂交，就可以育成蓝宝石貂。

P　aaPP　×　AApp
阿留申　↓　银蓝色貂

F_1　AaPp　×　AaPp
暗褐色　↓

F_2 9A_P_　+　3A_pp　+　3aaP_　+　1aapp(1/16)
暗褐色　银蓝色　阿留申貂　蓝宝石貂

再以银蓝十字貂(ppSs)为例，它有1对黑十字貂基因(Ss)和1对银蓝色貂基因(pp)，因此将这两种彩貂进行杂交，就可以育成银蓝十字貂。

P SSPP × sspp

黑十字貂 ↓ 银蓝色貂

F_1 SsPp × SsPp

黑十字 ↓

F_2 9S_P_ ＋ 3S_pp ＋ 3ssP_ ＋ 1sspp(SSpp 1/16)

黑十字 银蓝十字 暗褐色 银蓝色

(3)多对特征基因彩貂的育种。培育具有多对特征基因的彩貂，要将具有1对、2对乃至3对特征基因的彩貂进行杂交，将不同的相关特征基因组合在一个个体上。培育的彩貂拥有的特征基因越多，培育的方案就越多，需要根据具体情况进行选择。以冬蓝貂(aappbb)为例，冬蓝貂具有阿留申貂基因(aa)、银蓝貂基因(pp)和咖啡貂基因(bb)，要想培育冬蓝貂有以下三种方案：

①方案一(用只拥有1对特征基因的彩貂培育)：

第1年 aaPP × AApp

阿留申貂 ↓ 银蓝色貂

第2年 AaPp × AaPp

暗褐色 ↓

9A _P_ ＋ 3A_pp ＋ 3aaP_ ＋ 1aapp(1/16)

暗褐色 银蓝色貂 阿留申貂 蓝宝石貂

第3年 aappBB × AAPPbb

蓝宝石貂 ↓ 咖啡貂

第4年 AaPpBb × AaPpBb

暗褐色 ↓

27A_ P_B_ ＋ 9A_P_bb ＋ 9 A_ ppB_ ＋ 9aaP_B_

暗褐色 咖啡貂 银蓝色貂 阿留申貂

＋3 A _ppbb ＋ 3aaP_bb ＋ 3aappB_ ＋ 1aappbb(1/64)

银蓝亚麻 依力克 蓝宝石 冬蓝貂

②方案二(采用拥有1对与2对特征基因的彩貂杂交)：

第 1 年　aappBB　×　AAPPbb
蓝宝石貂　↓　咖啡貂
第 2 年　AaPpBb　×　AaPpBb
暗褐色　↓
27A_ P_B_　＋　9A_P_bb　＋　9 A_ ppB_　＋　9aaP_B_
暗褐色　咖啡貂　银蓝色貂　阿留申貂
＋3 A _ppbb　＋　3aaP_bb　＋　3aappB_　＋　1aappbb(1/64)
银蓝亚麻　依力克　蓝宝石　冬蓝貂

③方案三(采用拥有 2 对特征基因的彩貂杂交):
第 1 年　aappBB　×　AAppbb
蓝宝石貂　↓　银蓝亚麻貂
第 2 年　AappBb　×　AappBb
暗褐色　↓
9A_ppB_　＋　3A_ppbb　＋　3aappB_　＋　1aappbb(1/16)
银蓝色貂　银蓝亚麻貂　蓝宝石　冬蓝貂

对冬蓝貂培育的 3 个方案所需的时间不同,第一方案需要 4 年,最后培育出的冬蓝貂只有 1/64;采用第二方案,仅需要 2 年,最后培育出的冬蓝貂也只有 1/64;采用第三方案,需要 2 年,最后培育出的冬蓝貂有 1/16。因此,如果条件具备,最好选用第三方案。

二、繁殖力

繁殖力是目前水貂生产中最重要的经济性状。繁殖力是以仔貂群平均成活为主要指标,其中包括几个考核指标:种母貂的受配率、产仔率、胎产仔数、死胎数、仔貂成活率和群平均每只母貂育成幼貂数(即育成率,或群平均成活数)。还有公貂的配种次数和受配母貂的产仔率等。最重要的是胎产仔数和公貂配种力。

水貂的胎产仔数变异很大,最少只产 1 头,最高纪录是 18 头,胎产仔10头是常见的,5～8头最多。对产仔的遗传力估计只有0.04～0.06。这些估计说明胎产仔数的遗传力是很低的。还有两个试验估计的遗传力为0.30和0.24,比一般略高。总的来说,水貂和其他多胎动物的胎产仔数一样,遗传力是比较低的。因此,胎产仔数的变异幅度大,不能认为是由于遗传的原因,主要是饲料条件、饲养管理条件、环境条件和技术水平的作用。选择对提高繁殖力作用不大,但生产者往往从产仔多的一窝中选留母貂。

公貂性活动能力不强是普遍存在的,据一个调查统计表明,在标准貂中,有11.9%的公貂性活动能力低,有6.7%完全没有性欲。在378头白色水貂的公貂中,性活动能力低的占20.6%,完全没有性欲的占8.9%。

三、体型

因体型大小决定皮张的面积和价值,所以是被重视的主要经济性状之一。水貂的体型表现在体重和体长两个方面,体重对皮张大小影响要比体长大,在这方面的研究也比较多。

选择对体重增加的效果比较明显,据报道对标准貂的体重进行有计划的选择,经过2年选择到10月15日幼公貂体重平均比原来增加11.6%,达到2.47 kg,最重达2.7 kg;母貂体重平均增加12.5%,达到1.47 kg。选择措施在2年内能取得如此大的效果,是因为体重遗传力是相当强的。根据上述试验,对体重遗传力的估计是,父子相关遗传力为0.66,父女相关遗传力为0.78;母子相关遗传力为0.67,母女相关遗传力为0.44。另外,一次体型大小选择试验也获得相近的结果。试验开始时,公貂11月初体重为1.8 kg,母貂11月初体重1 kg,选择到第四代公貂体重增加到2.36 kg,母貂体重增加到1.32 kg。根据方差估计父本和母本的遗传力分别为0.52和0.67。这些遗传力的估计都说明,水貂体重的变异主要是遗传的变异,基因以加性作用为主,因而选择可明显提高水貂的体重。

体长的遗传力也很高，估计遗传力在0.46～0.98。

第四节 水貂的育种方向与指标

水貂的育种方向应当是毛绒品质优良，色型新颖美观，繁殖力强，生命力和适应性强，体质健壮，体型大，能保持本品种的优良特性。但是，目前我国水貂尚无统一的育种指标。这里根据有关资料对一些主要的经济性状提出一些建议性的指标，供选种时参考。

1.毛色

这是决定貂皮质量和价值的最重要的质量指标。要求必须具有本品种的毛色特征，无杂色毛，颌下或腹下白斑不超过1 cm^2。标准貂按国际贸易的统一分色方法，可分为最最黑、最黑、黑、最最褐、最褐、褐、中褐、浅褐8个毛色等级。良种貂要达到最最褐以上，底绒呈深灰色，最好针毛达到漆黑色，绒毛达到漆青色。腹部绒毛呈褐色或红褐色的必须淘汰。彩貂应具备各自的毛色特征，个体之间色调均匀。褐色应为鲜明的青褐色，带黄色或红色色调的应淘汰。白色应为纯白色，带黄色或褐色色调的应淘汰。

2.光泽

这是决定貂皮华美度的一个重要指标。要求各种水貂毛绒的光泽性要强。有金属光泽毛被的水貂一定要淘汰。

3.毛绒长度(背正中线1/2处两侧)

要求针毛长25 mm以下，绒毛长15 mm以上，针绒毛比例为1∶0.65以上，且毛峰平齐，具有弹性，分布均匀，绒毛柔软，而且灵活。

4.毛绒密度

每平方厘米鲜皮有毛纤维12 000根以上，干皮为30 000根以上，且分布均匀。

5. 体重

成龄公貂 2 000 g 以上，母貂 900 g 以上。

6. 体长(鼻尖至尾根)

成龄公貂 45 cm 以上，母貂 38 cm 以上。

7. 繁殖力

公貂在一个配种季节交配 10 次以上，所交配母貂受孕率达 85％以上；母貂胎产仔 6 只以上，年末成活 4.5 只以上。

第五节 水貂的选择

简单地说，选择就是留种时的选优去劣。在饲养实践中，一般称之为选种。这是改良和提高动物生产性能及创造优异品种的重要手段。从遗传学的角度分析，选择实质上是把一定的基因型和基因选择出来，使这些基因有复制和增加数量的机会；同时淘汰某些个体而使某些不良基因得不到复制，因而数量减少。也就是对一个群体，使所选择的基因的频率增加，所淘汰的基因频率减少。水貂的质量性状，应以个体的表现型为基础进行选择。例如，根据亲代和子代的毛色的表现型，判断其基因型，从而进行有效的选择。而对于一些有害的隐性基因，如脑水肿、先天性后肢瘫痪、不育症等，也根据子代的表现型，对亲代进行有效的选择。另外，对一些质量性状，要根据对系谱和后裔的分析，才能了解其基因型。

对于水貂的数量性状来说，选择必须以正确的估计育种值为基础，对可能育种值估计得越精确，选择越可能取得更好的进展。因此，必须应用来自各个方面的表型值的信息，作为估计育种值的依据。这里除了个体表型值这一信息外，还可以用祖先的、同胞的、子代的表型值，从这些表型值估计所选择的个体的可能育种值，然后根据可能育种值进行选择。

一、对单个数量性状的选择

1.个体选择法

即完全根据个体的表型值来选择。这种方法适用于遗传力较高的性状,因为这种性状在个体之间表型值的差异,主要由遗传上的差异所致。对水貂的体重、体长、毛绒密度和长度、毛色深浅度以及白斑大小等性状,采取个体选择法,就能获得好的选择效果。

2.家系选择法

以整个家系为一个单位,根据家系的平均表型值进行选择。它适用于遗传力较低的性状的选择,如繁殖力、泌乳力、成活率等性状。育种工作中,广泛采用全同胞、半同胞测验进行家系选择。越是遗传力低的性状,需要的全同胞、半同胞数越多(即大的家系)。一般采用 5～7 只以上的全同胞和 30～40 只以上的半同胞测验结果才比较可靠。此外,还要求家系间的差异基本上不是由于共同环境所造成的。

3.家系内选择法

即从整个家系中选择超过该家系均值最高的那些个体留种。这种选择方法最适合家系成员间表型相差很大,而遗传力很低的情况,实际上是一种在每个家系内的个体选择。

4.合并选择

是一种组合个体表现型和家系均值进行的选择。从理论上讲,合并选择因复合了个体和家系的资料,也即利用了来源于个体表型值与个体亲属(家系)的两种信息,因而其准确性超过了上述 3 种选择方法。在实际应用中,一般适用于下面 3 种情况。

(1)组成家系的成员数目少,家系表型平均值的可靠性低。

(2)组成家系成员数目很多时,则淘汰掉基准以下的个体,选择基准以上的个体。

(3)选择两个以上的性状,而且它们的遗传力显著不同时,对遗传力低的性状，根据家系表型平均值选择家系；对遗传力高的性状，从家系成员中选择优秀个体留种。

二、对多个性状的选择

在育种工作中，多数情况下，选择往往要同时兼顾到几个性状，如水貂的窝产仔数、断乳窝成活仔数、取皮时体重、毛皮质量等。同时选择两个或更多个性状，方法有以下3种。

1.顺序选择法

在一段时间内，只选择一种性状，当这个性状的改良达到所要求的目标之后，再依次进行第二、第三种性状的选择。此法的缺点是，要达到预定的综合改良的目的，需花费很长的时间，付出很大的精力；对一组负相关的性状，往往一个性状提高了又会导致另一相关性状的下降。因此，此法仅适用于选择遗传正相关的性状，而不适用于负相关的性状。

2.独立淘汰法(限值淘汰法)

根据对育种的具体要求，对要选择的每一个性状都制订好最低的中选标准。预选水貂必须各个性状都达到该标准才能留种，凡其中任一性状未达到标准的，不论它在其他性状上如何优良，都一概予以淘汰。此法适合选择负相关的性状，但有时可能淘汰掉许多性状优良、而仅某一性状低于标准的个体。采用这种选择时，应克服只注意表现型而忽略遗传力的倾向。

3.综合指数法

根据育种目标的要求，把要选择的性状按其遗传特点(如遗传力、遗传相关等)和经济重要性采取加权处理后，综合成一个指数，依据指数的高低来选择种貂。此法既可以同时选择几个性状，又可以突出选择重点，而且还能把某些重要性状特别优良的个体选择出来，因而育种效果较好。

三、选种的要求

种貂品质的好坏不仅影响这一代的生产，还必然影响后代种貂品质和生产能力。如果种貂品质低劣，无论饲养管理条件如何好，也很难获得高水平的生产效果。所以，为了使貂场能获得较高的生产水平和较高的经济效益，选择种貂时要综合掌握选种条件，不能偏废某些方面。

1. 根据毛绒品质选择种貂

在选择毛色上，标准貂要按国际贸易统一分色方法，依次选最最黑、最黑、黑、最最褐色的。彩色水貂根据色型选择最标准的。被毛要求全身一致，无杂色毛，颌下或腹下白斑不超过 1 cm^2，毛峰平齐，光泽好且富有弹性，绒毛厚密，底绒呈青灰色的个体留种。

2. 根据繁殖力选种貂

对成年公貂要选择生殖器官发育正常、性欲旺盛、开张较早，在一个繁殖期里能交配 8 次以上，所配母貂妊娠率高；对成年母貂要选择生殖器官发育正常、发情早、配种顺利、胎产仔在 6 只以上、母性较强、泌乳充足、分窝前子貂成活 5 只以上的；对青年貂应根据其系谱选择祖代、父母产仔率都比较高的留种。

3. 根据体质状况选种

要选择食欲正常、生长发育好、无任何生理缺陷和疾病、活动力强，成年公貂体长 45 cm，成年母貂体长 35 cm 以上，体型紧凑，体况适中。

四、选种时期

在水貂的生产实践中，水貂的选择（选种）按水貂生物学时期每年分 3 个阶段进行：

1. 初选阶段(6～7 月)

对成龄公貂，根据配种能力、精液品质；对成龄母貂，根据产仔数、泌乳量、母性、后代成活数，都要进行一次选择。对仔貂，根据同窝仔貂数、发育状况、成活情况和双亲品质，在离乳时按窝选留。初留要比实留种数多25％～40％。

2.复选阶段(9～10月)

根据生长发育、体型大小、体重高低、体质强弱、换毛迟早、毛绒色泽和质量等，对成龄貂和幼貂逐头进行选择。复选数量要比实留数量多10％～20％。

3.精选阶段(11月)

在屠宰取皮前，根据毛绒品质(包括颜色、光泽、长度、细度、密度、弹性、分布等)，体型大小，体质类型，体况肥瘦，健康状况，繁殖能力、系谱和后裔鉴定等综合指标，逐头仔细观察鉴别，反复对比，最后选优去劣，淘汰余额。

(1)确定毛皮质量标准。毛皮质量，即毛绒密度、针毛长度、绒毛长度、毛色等，都可以有数量标准，但是在实际选留种貂的操作过程中，不可能逐头测定，毛色标准也不是依靠几句话就能说明的。因此，比较实际的办法是选择几头本场内几种主要经济性状优良的种貂作质量标准，或以引进的优良种貂作标准，通过与这几头优良种貂比较，选择接近它们毛皮质量的水貂个体留作种用。

(2)认真进行评选。对要选留的种貂进行认真地评比。最好把要评比的水貂放在特制选种笼内，同确定的选种标准的貂进行比较，在比较时，应当几种主要经济性状都要观察到。绒毛的毛色要仔细看，把被选的个体抓在手中检查。只在笼外顺着笼走着看就确定的方法不可取，难以正确判定优劣。

这次选择是11月底到12月初进行，水貂屠宰取皮前，根据毛绒品质、体型大小、体质类型、体况肥瘦、健康状况、繁殖能力、系谱和后裔鉴定等综合指标，逐头仔细观察鉴别，反复对比观察，最后留优去劣。这里要特别注意淘汰有遗传缺陷的个体，如针毛只在尖端色浓，毛被有暗影或斑点，腹部毛绒红褐，卷毛，后裆缺毛等的个体不管体型大小一律淘汰。对选定的种貂要统一编号，建立谱系，登记入册。

(3)性别比例。关于留用种貂的性别比例，标准貂公、母比为1∶4，白色水貂为1∶3，其他彩貂为1∶(3～3.5)。国外种貂公、母比例为1∶(5～6)。我国也应在选好种公貂、提高繁殖技术和改善饲养管理条件的同时提高母貂比例，这样可以降低养貂的饲养成本。

(4)年龄结构。关于公、母貂的年龄组成，应以2～3龄的种貂为主，这类种貂已经有生产记录，可以选留其中优良个体作种貂。随着年龄的增长，种貂的繁殖力下降，必须及时淘汰年龄大的种貂，补充新的种貂。在基本群不扩大的情况下，一般是每年淘汰1/3老龄种貂，补充1/3新育成的种貂。使貂群2～4岁的成年貂占70%，当年幼貂不超过30%。

第六节　水貂的选配

选配是选种工作的继续。总的要求是继承、巩固和提高双亲的优良品质，有目的、有计划地创造新的有益性状，以达到获得理想后代的目的。选配应遵循下列原则：

(1)主要性状上，尤其是遗传力高的性状，公貂要优于母貂。

(2)在体型上，不应采用大公貂配小母貂，或小公貂配大母貂，或小公貂配小母貂等做法。

(3)在确定育种目标的情况下，一般应避免近交，而培育新品种则必须进行近交，使基因的纯合性增加，将优良的性状相对稳定下来。

(4)在年龄上，一般2～3岁的壮年种貂的遗传力比较稳定，选配后的生产效果也比较好；而年龄较小的种貂遗传力相对不稳定，老年的种貂选配后其后代的生活力往往较差。所以，生产上要尽量避免老公貂配小母貂、小公貂配小母貂、老公貂配老母貂的选配组合。

一、水貂的个体选配

选配，即是有明确目的地确定公母水貂的配对。它是有意识地组合后代的遗传基础，以达到培育和利用良种的目的。

1.同质选配

是一种以表型相似性为基础的选配，就是选用性状相同、性能表现一致，或育种值相似的优秀公、母水貂来配种，以期获得与亲代品质相似的优秀后代。其主要作用在于能使亲代优良性状相对稳定地遗传给后代。这样既可以使该性状得到保持和巩固，又可尽快增加优秀个体在群体中的数量。在育种实践中，如果为了很好地保持种貂有价值的性状，增加群体中纯合基因型的频率，就可选用同质选配的方法。当杂交育种进行到一定阶段，出现了理想类型之后，也可采用同质选择的方法，使其尽快巩固下来。

为了提高同质选配的效果，选配中应以一个性状为主，最多也不应多于两个性状。对于遗传力高的性状，同质选配的效果一般较好；对于遗传力中等的性状，短期内效果表现不明显，可连续继代进行。如果选配双方的同质程度较高，肯定在群内消除杂合子的进度可以加快。

长期对貂群采用同质选配，有可能产生一些不良作用，如群内的变异性将相对减小，原有的缺点将变得更加严重，适应性与生活力也会下降。为了防止这些消极影响，应特别注意加强选择，严格淘汰体质衰弱或有遗传缺陷的个体。

2.异质选配

是一种以表型不同为基础的选择，可分为两种情况。

一种是选择具有不同优异性状的公、母貂相配，以期将两个性状结合在一起，从而获得兼有双亲不同优点的后代。从遗传理论上解释，这里所谓不同优异性状，实际上指不同位点的基因所决定的性状。

另一种是选同一性状但优劣程度不同的公、母貂相配，即所谓以好改坏，以优改劣，以良好性状纠正不良性状，以期后代取得较大的改进和提高。实践证明，这是一种可以用来改良许多性状的行之有效的选配方法。

异质选配的主要作用在于：能综合双亲的优良性状；丰富后代的遗传基础；创造新的类型，并提高后代的适应性和生活力。为了保证异质选配的良好效果，必须坚持严格的选种制度，并考虑性状的遗传规律与遗传参数。

3. 亲缘选配

就是考虑交配双方亲缘关系远近的一种选配。可分为近亲交配和远亲交配。在水貂生产上，通常采用3代以内无血缘关系的远亲交配，3代以内有血缘关系的公母貂一般不能选配。因为近亲交配，往往导致繁殖力降低，出现后代生命力减弱，体质衰弱，体型变小，畸形怪胎，死亡率增高等退化现象。血缘越近，退化程度越重。其根本原因在于遗传上有害的隐性基因的纯合，血缘越近，纯合的机会越多，因而表现的退化现象也越严重。

二、水貂的种群选配及应用

1. 种群选配

在我国水貂育种中，种群大多指的是引自不同国家或自繁的具有不同特点的水貂群或品系。在水貂选配中，是使用相同品系或貂群的个体相配，还是使用不同品系或貂群的个体相配，其后果大不相同。为了更好地进行水貂育种工作，除了应根据相配个体的品质对比、亲缘关系和亲合力等的不同来妥善地进行个体选配外，还必须根据相配个体所隶属的品系或貂群的特性和配合力等的不同，来合理而巧妙地进行种群选配。这样，才能更好地组合后代的遗传基础,塑造出更符合人们理想要求的个体或貂群,或充分利用其杂种优势。

种群选配可分为纯种繁育和杂交繁育两大类。纯种繁育是指在本种群范围内,通过选种选配、品系繁育、改善培育条件等措施,以提高种群性能的一种方法。其基本任务是:保持和发展一个种群的优良特性,增加种群内优良个体的比重,克服该种群的某些缺点,达到保持种群纯度和提高整个种群质量的目的。杂交繁育是选择不同种群的个体进行配种。按照杂交目的的不同,可将其分为经济杂交、引入杂交、改良杂交和育成杂交等几种。经济杂交的目的是为了利用杂种优势,提高水貂的经济利用价值;引入杂交的目的是引入少量外血,以加速本品种个别缺点的改进;改良杂交的目的是利用经济价值高的种群来改良经济价值低的种群,以提高其生产性能,甚至改变其生产方向;育成杂交的目的是为了育成一个新种群。通常经济杂交与改良杂交常有转变为育成杂交的情况。

由于育种的目的不同,在水貂育种中常采用不同的种群选配方法,有时也需要几种方法结合起来。

2.种群选配应用

(1)以育成毛皮质量高的品系为目的的交配。达到这个育种目的的主要交配方法,是近亲育种中的一种——品系育种。进行品系育种,先要有少量的优良种貂,最好是一只优良的公貂。这只公貂的优秀遗传性是以后育成品系的基础。再选出几只优良的母貂,与公貂一起作为育种的原始亲本。得到后代后,在后代之间进行近交,如半同胞交配。在品系育种时一般较少采用更近的近交,以控制近交衰退的产生。此后,再进行适当的近交,使优良性状得到稳定遗传,整个种群质量较为一致。经过 4~5 代,可以获得一群质量优良的水貂。

品系育种有 3 点区别于一般的近亲交配:第一,它必须有少量的优良种貂作为育种的亲本。在育种的种群中,优良亲本的遗传性尽可能占大的比例。第二,不采用过于近的近亲交配,要控制近亲系数(最高控制在0.3左右),不使其出现明显的或严重的近亲衰退。第三,必须进行严格的选择,淘汰那些不合乎要求的、繁殖力有所下降的个体。没有严格的淘汰,是形不成优良品系的。

(2)以获得杂种优势为目的的交配。杂交产生杂种优势,对提高生产能力有重大意义。近几十年来,在动物生产中广泛利用杂交,对提高畜产品的产量起到了重要作用,形成了多种多样的杂交系统。虽然获得杂种优势的杂交系统种类很多,但作为基础的是两系杂交。两系杂交的方法是,选取两个不同品种或品系的动物配合杂交,它们的杂种一代表现出杂种优势,只用作生产,不留作种用。留作种貂的是杂交亲本的两个纯系,这两个系要经过试验表明有良好的配合力。为了发挥杂种一代繁殖力的杂种优势,可以在杂种一代中选取优良的母貂,再用它同另一个系中选取的公貂交配,这种方法称为三系杂交。例如,在水貂生产中,可以选取国内已有相当饲养历史的水貂,经过品系育种,育成一个品系;再在引进的优良种貂中育成一个品系,进行交配,作两系杂交;然后在它们的后代中选取母貂,再同另一个引进的、经过培育的品系作三系杂交。在杂交过程中,这3个系都要进行纯繁,保持杂交所必需的数量。

进行这样的杂交,是为了利用杂种优势提高生产。但有以下三点应说明:第一,杂交亲本应当是纯系,而不能本身就是杂交后代;第二,杂交后代中只有第一代能表现出良好的杂交优势,所以都不能留作种用;第三,杂交优势并不表现在影响毛皮质量的各种性状上。因此,要获得质量好的毛皮,必须两个亲本都具有优良的毛皮品质。杂种一代的毛皮品质,取决于两个亲本的遗传性及其组合。要提高水貂的繁殖力(群平均产仔数),利用杂交优势是一个有希望的途径。

(3)以改良貂群为目的的杂交。常常有这样的情况,某一个水貂场或某一地区的水貂群毛皮品质较差,亟待改良,因而从外面引进少量品质优秀的水貂,同本场或本地区的水貂杂交,通过杂交改良原有的貂群。这种杂交可以称为改良杂交,改良杂交的主要方法是级进杂交。级进杂交的内容是:把本场、本地区的水貂反复几次同引进的良种水貂杂交,以良种水貂的遗传性取代原有的遗传性,使本场、本地区的水貂达到良种水貂的水平。育种进程是:引进优秀的良种公貂,同本场、本地区经过选择的母貂交配,得杂种一代;从杂种一代中选择最优秀的母貂,再同引进的良种水貂群中的公貂交配,得杂种二代。杂种二代已有75%的基因来自良种水貂,杂种二代再同良种水貂杂交,使杂种三代的遗传中有87.5%的基因来自良种水貂,到杂种四代已达93.75%。因此,到杂种四代或五代,良种水貂的遗传性已基本取代了原有的遗传性,毛皮品质可提高到接近于良种水貂的水平。

(4)以培育新品种为目的的交配。育成一个新品种,需要经过杂交和近交两个阶段。当养貂工作者想要培育一个新品种时,他必须要求新品种具有优良性状的新的组合。而这些优良性状,可能分别为不同的水貂品种所具有。培育新品种的第一步,是使具有这些优良性状的不同品种的貂杂交,通过杂交把两个(或两个以上)品种各自的优秀基因,组合在一个个体的基因型中。但这仅仅是第一步,因为基因组合在一起有相互的作用,它对性状的表达是复杂的。譬如说,如果某些优秀基因是隐性的,那么这些性状在杂交后不会在杂种上表达出来。进一步的、更复杂的、时间更长的育种工作,是要通过杂交后代的适当的近交,使之发生分离,在分离的群体中,选择符合于育种目的的个体。由于分离过程复杂,这种近交或在群体内的交配和选择,需要有相当的技术和时间,往往要经过几代甚至十几代的选择，才能得到符合于育种目的的、性状稳定的新品种群体。在这个过程中，可能需要进行必要的杂交。目前饲养的优良水貂，也是经过了这样的长期育种过程。水貂是从野生状态来的，并没有形成品种（品种是在人工饲养条件下育成的），但在北美，由于分布区域和生态条件的差异，水貂有许多亚种。这些亚种有各自的特点，例如，原产于阿拉斯加育空地区的亚种，体型大；原产于加拿大魁北克等东部地区的亚种，毛皮品质好，毛色深。据记载，现代的家养水貂是由亚种间的杂交形成的，前后有 6 个亚种参加了杂交，又经过相当时期的选择和适当的交配，才育成现在的优良水貂。这个过程，也就是将来育成新的水貂品种的途径。

(5)以获得不同色型而进行的繁育。彩色水貂是标准水貂（黑褐色）的突变型。现在已出现 30 多个毛色突变基因，通过各种组合，使水貂的毛色达到 100 多种。彩色水貂的毛皮，色泽鲜艳，绚丽多彩，有较高的经济价值。各国均在大力繁育和发展。美国的彩色水貂曾一度占总貂群的 65%，目前尚占 50%左右。日本也曾高达 87%以上。我国彩色水貂的数量，由于前几年毛皮市场不景气而急剧下降，有些色型甚至全部遭到淘汰。

归纳各种水貂的基因型，大体可分为隐性型、显性型、隐性与显性杂合型三类。其中前两类基因型都是纯合的，进行纯种繁育，所得到的后代的基因型仍是纯合的，其毛色表现型也与双亲一致，并不发生分离现象，如银蓝（pp）×银蓝（pp）→ 银蓝（pp）。在具备足够数量的种源，能够正常繁育的情况下，可以进行彩貂的纯种繁育；但在种源不足，又需迅速扩大彩貂群，或彩貂生活力弱、适应性差、繁殖成活率低，以及培育新色型彩貂的情况下，就必须进行杂交繁育。后一类基因型的彩貂的繁育比较复杂，一般貂场难以进行，这里不作介绍。

第七节 制订配种计划

制订配种计划要有两个目标，一个是配种计划要有利于不断提高水貂的质量，主要是毛绒的质量；另一个是适当安排亲缘选配。前一个目标是主要的。

经过每年的精心选留种貂，所留的种貂将是可能得到的最优良的水貂群。即使是最优良的水貂，也有如何正确配置交配组合的问题。正确的交配组合能使主要经济性状得到进一步提高，并有很好的繁殖力。制订好配种计划对提高水貂种群品质、提高生产水平和经济效益都有重要意义。

指导制订配种计划的主要思想应是不断提高貂群品质。由于毛绒质量等主要经济性状是遗传力高的数量性状，因此在选配时应以品质优良的水貂同质选配为主，也就是要选择品质优良的种公貂与品质优良的种母貂交配。如果有一些品质较差的种母貂，为了完成当年的生产任务，也应采用与品质好的公貂的异质交配，决不能把品质差的水貂进行同质交配。

要做好配种计划只有原则是远远不够的，必须对种貂群的每一头种貂都有清楚的了解，掌握它的毛绒质量、体型大小、毛色深浅等数量性状的优缺点，它们前一年交配组合所产后代的表现等。根据这些资料，一组一组地做好选配方案，不能仅仅依靠一些貂号来制订选配计划。

在提高水貂繁殖力方面，主要考虑亲缘关系，避免近亲繁殖，防止近交退化。

制订的配种计划，在配种时往往由于水貂在交配时有择偶性，拒配等原因，不能完全执行。为了弥补上述现象，有的貂场采用分组选配方式。例如，以 3 只公貂为一组，配 10～12 只母貂配种，可以防止因各种原因使配种计划不能完全落实的情况。在执行这种配种计划时,也会有双重交配或三重交配的问题出现。双重交配是指 1 只母貂在配种期内与 2 只公貂交配;三重交配是指 1 只母貂在配种期内与 3 只公貂交配。一般双重交配和三重交配对繁殖力不会有不利影响,反而有时会有好的影响。为了在后代中选种留用,一般不是特殊情况不要实行双重交配或三重交配。实行双重或三重交配的种母貂所繁殖的后代只能作商品皮貂用。

第四章　水貂的繁殖

第一节　种貂繁殖时期划分

水貂是季节性繁殖的动物，它的生殖器官的季节性变化与季节的光照时间规律性变化密切相关。根据一年四季的光照周期性变化，可以把种貂繁殖分为以下几个时期，见表 4-1。

表 4-1　种貂一年内生理时期划分

月份 种貂	9	10	11	12	1	2	3	4	5	6	7	8
种公貂	准备配种前期				准备配种期		配种期	静止期				
种母貂	准备配种前期				准备配种期		配种期	妊娠期		产仔哺乳期		静止期

一、准备配种期

秋分后，随着日照时间的缩短，与生殖和换毛有密切关系的内分泌活动增强，这时夏毛开始脱落，冬毛开始生长，生殖腺开始缓慢发育。冬至后，日照时数开始缓慢增加，内分泌活动进一步增强，生殖器官迅速发育。至第二年 1 月中下旬，当日照时数达到 11 h，性腺发育完成，开始产生配子（精子或卵子）。公貂表现出求偶的欲望和行为，母貂出现发情征兆，种貂先后进入繁殖季节，这一时期称为准备配种期。严格地说，水貂性腺发育经过的日照时间是由长变短的时期（9 月 21 日至 12 月 20 日）称为准备配种前期；从冬至到第二年的 2 月下旬，日照时间由短变长（12 月 21 日至第二年 2 月 28 日)的时期,称为准备配种期。

二、配种期

3 月 1 日至 3 月 24 日为水貂的配种期。根据生产实践证明,不同纬度的水貂,配种期不相同;低纬度地区比北纬 45°地区提前 3～5 d。北纬 45°～50°地区一般 3 月 5 日至 20 日历时 15 d。3 月下旬以后,公貂配种能力开始下降,这时发情配种的母貂产仔率降低。配种结束后,公貂睾丸逐渐萎缩,转入静止期(3 月 25 日至 9 月 20 日)。

三、母貂妊娠期

配种结束后,母貂进入妊娠期。以春分为"扳机"排出卵子的滤泡发育成的妊娠黄体开始出现分泌孕酮的能力,这时胚泡才开始在子宫角着床,这时转入正常的胚胎发育,经过 30～31 d,胚胎发育成熟,胎儿顺利娩出。不管配种结束较早或配种结束较晚的母貂,产仔期一般都在 4 月下旬到 5 月中旬。这一时期称为母貂的妊娠期。

四、产仔哺乳期

4 月下旬到 5 月上旬是水貂大量产仔的时期,一般情况下,都在这一时期内产仔。但是,由于特殊原因,提前产仔和延长产仔期的个体也不少见。产仔期愈拖后的母貂,产仔数愈少。产仔后母貂进入哺乳期,这一时期在 4 月 20 日至 6 月 20 日。

五、生殖静止期

仔貂断奶分窝后,母貂进入生殖静止期,这一时期母貂生殖腺萎缩,没有任何性反应,直到 9 月 21 日以秋分为信号,性腺又开始缓慢发育。

第二节　水貂的配种技术

公貂从2月中旬便开始出现求偶行为，在整个配种期间，始终处于发情状态。母貂则不同，一般认为，母貂在整个配种期里出现2～4个发情周期。每个发情周期通常为6～9 d，动情期持续1～3 d，间情期一般为5～6 d。

水貂是刺激排卵的动物，在动情期内，成熟的卵泡只有经过交媾或类似的神经刺激才能排出卵子。卵子排出数小时内，滤泡发生封锁现象，不形成有分泌孕酮功能的妊娠黄体而处于静止状态。在此期内无论是交媾刺激或注射孕马血清（PMS）、人绒毛膜促性腺激素（HCG），都不能引起再次排卵。在卵巢上黄体静止期内，卵巢内又有一批接近成熟的滤泡继续发育成熟，并分泌雌性激素，无论前次排出的卵是否受精，仍可通过交媾刺激再次排卵。母貂排卵的时间在交配后36～42 h。

水貂卵子的受精部位在输卵管的上段。排卵后12 h左右，卵细胞就失去受精力，卵子排出后到达受精部位的时间不超过12 h，而精子在母貂生殖道内有受精能力的时间一般为48 h，所以配种技术是提高水貂繁殖的关键环节。

一、配种方式

水貂的配种期虽然依地区差异、个体不同、饲养条件不同有所不同，但在2月末到3月下旬历时20～25 d。配种旺期大都集中在3月中旬。各种色型的水貂配种期有所差异，彩貂比标准貂配种期晚5～7 d。经产母貂比初产母貂发情早，因此配种初期尽量选配经产母貂，争取在配种旺期达到全部配种结束。

根据发情季节母貂的生殖特点，为了确保母貂受孕和多产仔，不能采用1次配种的方式，而应在初配后再复配1～2次。目前，水貂的配种方式多分为同期复配和异期复配两种。

1. 同期复配

母貂在 1 次发情持续期内连续两天或隔 1 d 交配(简记为 1＋1 或 1＋2),称为同期复配,也称连续复配。个别母貂(占 3%～5%)接受第一次交配后不再接受第二次交配,因而只达成 1 次交配。

2. 异期复配

母貂在配种季节首次配种后(配 1 次或连续两天共配 2 次),隔 7～9 d 又交配 1～2 次完成配种的,称为异期复配(简记为 1＋7～9,1＋1＋7～9,1＋7～9＋1 或 1＋7～9＋2,1＋l＋7～9＋2)。

实践证明,采用 1＋1、1＋7～9 和 1＋7～9＋1 的配种方案效果较好。对每只母貂采用什么配种方案,要根据初配日期而定。配种开始后 1 周之内(3 月 12 日之前)进行初配的母貂,多采用 2 个发情周期 3 次配种的方案;而在 3 月 15 日以后进行初配的母貂,多采用 1 个发情周期 2 次配种或 1 个发情周期 3 次配种的方案。不论采用哪种配种方式,配种落点(最后一次复配)应在本场历年的配种旺期,也就是 3 月 12～20 日。就配种效果而言,同期复配较异期复配空怀率高一些,在同期复配方式中,1＋2 配种方式,即隔日复配,效果较差。不同交配方式对母貂繁殖力的影响如表 4-2 所示。

表 4-2　交配方式对繁殖力的影响

交配方式 / 繁殖效果	一次交配	二次交配		三次交配		总数	平均
	1	1＋1	1＋7～9	1＋7～9＋1	1＋1＋7～9		
母貂数(只)	336 0	273 1	256 3	153 0	284		
胎平均(只)	4.64	4.94	5.91	5.98	4.60	10 184	4.90
空怀率(%)	32.2	18.7	15.5	10.5	14.8		21.1
群平均(只)	3.14	4.01	4.24	4.55	3.92		3.81

二、配种阶段的划分

为了掌握和控制配种结束的适宜时期，合理使用种公貂，提高养貂场总体配种效果，目前我国各地普遍采用“分阶段异期复配”的配种体制。该体制将水貂配种期分成3个阶段，即初配阶段、复配阶段和查空补配阶段，规定初配阶段不进行复配，复配阶段尽可能完成复配，补配阶段查空补配。

1.初配阶段

从开始配种到发情旺期来临前这段时间，称为初配阶段。东北地区从3月5日左右开始，往南可适当提前，历时为7～10 d。这个阶段的任务是已发情的母貂全部达成1次交配，要求初配母貂数能达到全群母貂的80%左右。对部分不发情或错过发情期的母貂，不要急于求成，强迫配种，可放在复配阶段去完成。此期的另一个任务是训练青年公貂。

2.复配阶段

也称配种旺期。东北地区为3月12～19日，历时7～10 d。此阶段的任务是将初配过的母貂复配1～2次，以结束配种；对未初配过的母貂应连续配种两次。异期复配的母貂，初配与复配的时间间隔一般要求7～9 d，不可少于6 d，否则空怀率高。初配与复配要求使用同一公貂，但对初配公貂精液质量差的，母貂在复配时可更换公貂，称为双交。

3.查空补配阶段

东北地区3月20日以后为查空补配阶段。此阶段的任务是对配种没有把握的母貂，如配种结束早的(3月10日以前)或只配过1次的母貂、与配公貂精液品质差的母貂、逃跑过的母貂以及失配的母貂再进行1次补配，以提高怀胎率。重点解决尚未初配的母貂。3月20日以后初配的母貂，一律采取复配2次(1+1或1+2)的方案。如果有的公貂完不成所担负的配种任务，可采用异公双重配种的办法，但后代不能作种貂留用。

研究表明，母貂卵泡发育成熟的数量在配种季节中期，(光照时间为 11.5～12 h)比初期和末期多，因此，在配种旺期完成复配，可获得较高的产仔数。另外，由于母貂交配后出现排卵不应期，所以复配应在初配的两天内或 7～10 d 进行，不应在初配后的 3～6 d 内进行。采取无规律的交配方式，容易造成空怀，过早地放对和勤放对，既增加人和貂的负担，也不会有什么实效。

三、配种技术

1.发情鉴定

发情鉴定主要是通过一定的方法判断水貂是否处于发情阶段，从而决定是否放对配种。这是水貂配种技术中的关键步骤。如判断不准确，不是耽误水貂及时配种，就是使发情不好的水貂强行配种而导致其拒配或空怀。

公貂发情时，兴奋不安，常徘徊于笼内，食欲不振，经常发出求偶的"咕咕"声，性情比平时温顺，睾丸明显增大、下垂，触摸时有弹性。

母貂发情时，通常有如下 4 种鉴定方法：

(1)行为观察法。发情母貂食欲不振，活动频繁，不安，经常躺卧在笼底蹭痒，排绿色尿液，一遇见公貂则表现兴奋和温顺，并发出"咕咕"的叫声。

(2)外生殖器官观察法。雄貂休情期的睾丸较小，睾丸囊紧缩；发情时，睾丸明显增大，且睾丸囊舒松下垂。

母貂休情期外阴部紧闭，挡尿毛呈束状覆盖外阴部。发情时，外阴因肿胀充血而变化较大，可分为 3 个阶段。

①发情初期。阴毛逐渐分开，阴唇微肿胀充血，呈粉红色，黏膜干而发亮。此期拒配或交配也不排卵。

②发情持续期。阴唇肿胀，明显外翻成四瓣，椭圆形。黏膜湿

润有黏液，呈粉白色。此期易交配并能排卵。

③发情后期。外阴部逐渐萎缩、干枯，黏膜干涩，有皱褶、无黏液；挡尿毛逐渐收拢。但是，有很多母貂未等恢复原状又进入了第二个发情周期。

应用这种方法进行发情鉴定时需注意以下几点：一是抓貂的姿势应正确。一只手抓颈，使其后腹部向上，头向下；另一只手抓住臀部和尾巴，使尾自然下垂，两后腿自然分开，然后仔细观察。切忌用手把尾巴拉直，把两后腿强行拉开，使观察结果不准。二是不同色型母貂发情时外阴肿胀程度有差别。很多黑眼白貂（海特龙）和少量黑眼白貂与标准貂的杂种母貂，只有在外阴肿胀得特别明显，好像从皮肤上突起的一粒豌豆时，才处于发情旺期，愿接受交配。也有的母貂，在发情时外阴部没有明显变化，称为“隐性发情”，以红眼白貂（帝王白）比较常见。三是排除各种因素的干扰。肥胖的母貂发情时，外阴部表现一般总不如瘦貂明显；母貂挣扎时会暂时性地把阴唇外翻得很大；刚刚排完尿时挡尿毛可能会粘在一起，造成发情表现差于实际状况的假象。初养者还可能错误地将尿液看做是发情期间分泌的黏液，把萎缩期看做是发情的第二期至第三期。

第一次发情鉴定，应在 2 月下旬开始进行。每只母貂都要进行鉴定，鉴定后在小室上和记录本上记录检查日期和结果。以后每隔 2～3 d 进行 1 次。变化显著的，更要注意每天检查；变化缓慢的，可间隔几天后再检查。外观有发情的行为表现，但外阴一直没有变化的母貂，可能是隐性发情，应进行试情。

（3）放对试情法。当母貂阴门有明显发情变化时，将其放入公貂笼中，观察和判断母貂的发情程度，称为放对试情。发情的母貂，被公貂追逐时无敌对行为，且与之嬉戏；当公貂爬跨时，尾巴翘向一边，温顺地接受交配；有的虽然害怕或躲避公貂，但不向公貂进攻。未发情或发情不够的母貂，放对时表现敌对行为，抗拒公貂的追逐和爬跨，向公貂头部进攻或躲立笼角发出刺耳的尖叫声。

见此情况应立即抓出母貂，放回原笼内，勿使母貂受到惊恐刺激，待发情好时再试配。

上述几种方法应结合进行，但要以检查外阴变化为主，以放对试情为准。只有在检查外生殖器有明显变化时，或有其他发情表现时，方能进行放对试情，这样可以避免盲目性。而放对试情又是对外生殖器检查结果的实际检验，因此可以使发情鉴定更为准确。

(4)阴道内容物图片检查法。水貂阴道黏膜细胞在发情期有一定的规律性，可作为检查隐性发情或外观鉴定不准时的辅助方法。具体方法是，用滴管先吸少量清洁水，插入母貂阴道吸取内容物少许，涂于载玻片上，用普通显微镜放大 400 倍观察。根据阴道内容物细胞的形态变化，可分为 4 个时期(图 4-1)。

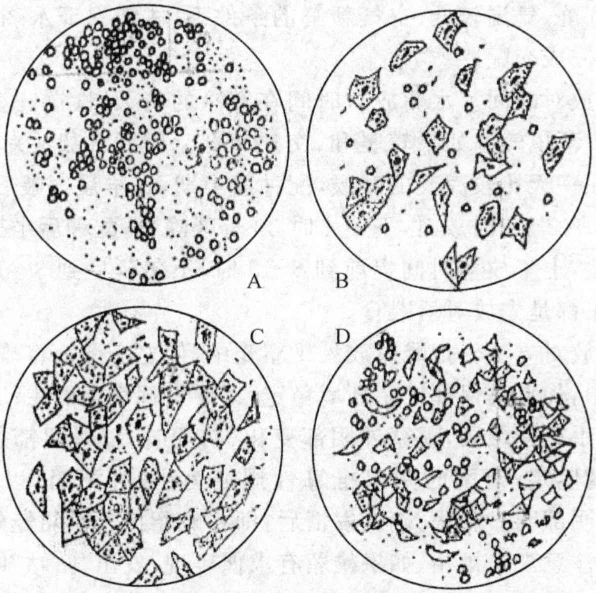

图 4-1 母貂阴道分泌物细胞图像模式图

A. 休情期 B. 发情前期 C. 发情旺期 D. 发情后期

①休情期。视野中可见大量小而透明的白细胞，无脱落的上皮细胞和角化细胞。

②发情前期。视野中的白细胞减少且出现较多的多角形角质化细胞。

③发情旺期。视野中无白细胞，具有大量的多角形有核角质化细胞。

④发情后期。视野中可见角质化细胞崩解成碎片，并有白细胞出现。

2.放对交配

在准确断定雌貂发情后，将雄、雌貂放在一起交配称为放对。水貂在交配期间易受外界的干扰，因此对环境的要求较高。只有在环境安静、气温较低、空气新鲜的条件下，才能保证水貂性欲旺盛，容易完成交配。

(1)放对时间。水貂放对时间在寒冷的晴天，性欲旺盛，易达成交配。环境气温如果较暖和，交配率低。所以水貂放对时间一般安排在一天比较凉爽的时候，配种前半期，在早晨饲喂后 0.5～1 h 和下午 2～4 时放对，下午 4 时 30 分喂晚食；配种后半期，天气逐渐变暖，上午放对时间提前到 6～9 时，下午延后到 3～5 时，上午和下午都是先放对后喂食。

(2)放对方法。把雌貂放入雄貂笼中，使之交配。将雌貂放入雄貂笼中，优点是保证雄貂环境稳定，以便发挥交配的主动性。放对时，用手提住雌貂，观察外阴部变化(初配时，每只貂都须观察，进行发情鉴定；复配时则以推算性周期为主；补配时，以试情为主)。外阴部明显肿胀，确认发情后，即将雌貂抓至雄貂笼外，来回逗引，并注意观察雄貂，如果雄貂有求偶表现，发出“咕咕”叫声，即打开笼门，将雌貂头颈部送入笼内，待雄貂叼住颈背部后，将雌貂顺手放于雄貂腋下，松开手，关好笼门，让其交配。这种操作可减少雄貂体力消耗，避免咬伤雌貂。如果雄貂见雌貂后，有敌对表现，用前爪猛搔笼门，欲咬雌貂，这时不应放对。

如发现雄雌貂在笼中拼命撕咬，雌貂尖叫，拒配，应抓出雌貂，停止放对；如见雄貂以头或臀撞击雌貂，弓腰侧扭，即可能突然下口咬雌貂。见此要立即抓走雌貂。

确认交配后，立即做好记录，并填写配种登记表（表 4-3），同时，在雄貂配种卡片上（一般都贴在雄貂小室壁上）填写所交配雌貂号及交配日期。

用手抓貂，要抓尾部或头颈部，禁止抓胸部和腹部，防止损伤内脏器官，造成死亡。

表 4-3　水貂配种登记表

雌貂		体况	与配雄貂			备注
笼号	貂号		初配	第 1 次受配	第 2 次受配	

（3）交配行为及过程。在交配过程中，雄貂始终处于主动地位，对雌貂带有不同程度的强制性。仅个别温顺的雄貂与发情雌貂嬉戏，舔闻雌貂身躯、阴部，然后才爬跨。初次参加配种的青年雄貂，较莽撞，往往猛烈追逐雌貂，捕捉不成又对雌貂产生反感，甚至把雌貂咬伤。也有的雄貂较胆怯，经较长时间才敢接近雌貂与之交配。发情好的雌貂，愿意让雄貂嗅闻，并与之嬉戏，有的雌貂主动翘尾举臀，做出接受爬跨交配的姿势。有的甚至钻入雄貂腹下或爬跨于雄貂背上调情。多数发情雌貂，当雄貂追逐时，逃跑，挣扎，在笼中来回翻滚，厮打，直至雄貂反复捕捉而被叼住抱紧后才表现温顺，接受交配。

雄貂射精是连续进行的，阴茎插入不久即表现射精动作，尾及后躯颤抖，前肢紧抱雌貂，两眼眯闭，雌貂断续发出呻吟叫声。

交配时雄、雌貂的姿势经常更换，时而站立，时而躺卧，交配即结束时，多是雌貂表现不安，挣扎，尖叫，雄貂紧抱不放，并发出急促呼唤声，力图控制雌貂继续交配。也有个别情况是雄貂先停止交配。

开对后，雄、雌貂往往又要殴斗厮打，必须及时分开。

交配的时间，最短1～3 s，多达4 h以上，一般为10～30 s，交配时间与雄貂体质有关。配种初期，雄貂精力旺盛，射精动作快，交配时间较短；配种越往后，雄貂体力消耗越大，性反射缓慢，交配时间越长。经统计表明，交配时间长短，与产仔多少相关性不大。因此，配种时不必片面追求交配时间。

(4)雄貂的交配力及利用频率。雄貂的交配力与它的体质强弱和性欲高低有关。体质强、性欲旺者，配种力高，1 d内可交配两次。两次交配时间隔30～60 s。个别性欲旺的雄貂，刚结束交配，又能与另一只雌貂交配。一般雄貂在配种期可配10～15次，多达28次。

雄雌貂的交配频率除与本身的发情情况有关外，还受环境因素影响，当下小雪，气温骤降时，雄貂性欲增长，交配成功率往往比气温较高时多。

(5)雄貂的训练和利用。雄貂在配种中起主导作用，故对雄貂的训练和利用是否得当将直接影响配种进度和繁殖效果。因此，从配种开始直到结束，均要注意对雄貂的培训和利用，坚持全面训练，耐心培养，适度利用，防止过劳的原则，以保证配种工作的顺利完成。

青年雄貂胆怯，易受惊扰，有的不会捕捉叼衔雌貂，应挑选发情好，性温顺的成年雌貂与之交配，同时要保持环境安静，禁止围观吵闹。

对交配能力强的成年雄貂，配种初期应控制利用频率，以便在复配期发挥作用。一般不要让雄貂交配次数太多，整个配种期不得高于20～25次，否则将增加空怀率，而且、还会降低雄貂下年的种用价值。

必须指出，异性激素的分泌与释放，对水貂的性腺发育以及发情求偶有着不可忽视的作用。曾有人不养雄貂，先养雌貂，但到配种期1只雌貂也不发情。因此，初配期就要注意合理利用瘦雄貂，控制交配频数，以刺激雌貂发育。

体况较肥的雄貂，一般发情稍晚，初期交配能力弱，但不要因此而放弃不管，应耐心培训，一旦利用上这种雄貂，越到后期，交配能力越强，能发挥其配种潜力。

异性激素的分泌与释放，对水貂的性腺发育有着不可忽视的作用，对乏情貂，也可采用异性刺激的方式刺激发情。具体做法是将发情好的雌貂装入串笼，置放在乏情雄貂笼内，待雄貂有求偶表现，即把雌貂放出来与之交配。

对雄貂的使用，要根据具体情况，交配力强的雄貂，可适当增加配偶和配次；交配力弱的，减少配次，但要做到既要使雌貂集中在配种旺期复配结束，又要避免雄貂交配过频过劳。一般初配期每天每只雄貂只让交配1次，连续交配2 d，停止使用1 d；复配期，每天每只貂配两次，而且两次配种时间要间隔4～6 h，连续两天交配3～4次者，停用1 d。

四、配种中注意事项

(1)注意识别真配与假配。雄貂爬跨雌貂显现交配姿势而实际阴茎并未插入阴道为假配。假配时，雄貂后躯成钝角，两眼窥视四周，精神不集中，阴茎露于雌体外，雌貂臀部下曲，后肢不颤动，不轻声呻吟，稍翻滚即开对。开对后，抓出雌貂，观察外阴部，如发现外阴高度充血，肿大，发红，阴毛潮湿，说明已达成交配。如果外阴无任何明显变化，则为假配。真配开对后的雄貂，口渴欲饮，往往舔其自身外阴部，在笼内进行雪浴或水浴后，抖去雪或水，即进入小室内休息。假配雄貂，开对后仍有求偶表现。

(2)防止误交。雄貂阴茎插入雌貂肛门为误交。因雄貂阴茎顶端呈钩状，重者可将直肠穿刺而造成雌貂死亡。误交往往是雄雌貂体型大小不相称或雄雌貂交配姿势不正等因素造成的。误交时，雌貂尖叫，极不老实，要及时发现并抓出误交的雌貂，另换雄貂交配。

（3）防止错抓乱配。抓貂配种时，要按选配计划进行。不要因忙乱而乱抓乱配，不要让几只毛色相同的貂同时跑出笼外，以免把貂号搞错。配种时，貂号牌一定要随同貂一起移动。

（4）防止咬伤。当发情鉴定不准确，或放对方法不正确，或强制交配等情况造成咬伤后，不论雄貂或雌貂被咬伤，均会影响配种，故需尽量避免咬伤。

（5）防止跑貂。跑貂易造成谱系混乱，甚至将貂丢失。抓貂时要稳、准，同时应在貂栋内多置一些自动捕貂箱、捕貂网，以便及时抓回逃跑的貂。

（6）做好配种记录。配种登记是配种中一项较重要的工作，它是正确建立种貂谱系的依据，因此，当确认雄雌貂达成交配后，就要立即认真填写配种登记表。

第三节　提高水貂繁殖力的技术措施

一、提高种公貂繁殖力的技术措施

1.早期估测种公貂繁殖力

在正常的饲养管理条件下，每到繁殖季节都会发现有相当数量的种公貂不育，往往使制订的选配方案不能顺利施行。同时，增加了其他可育公貂的负担，特别是随着越来越重视对水貂毛皮质量的选育，这一不育现象有愈加严重的趋势。因此，在繁殖季节到来之前对种公貂繁殖力进行估测，检出并淘汰不育公貂。早期检测淘汰下来的公貂皮张质量，与到配种结束时再淘汰的公貂相比，下降幅度较小。目前种公貂繁殖力的早期检测有如下几种方法。

(1)睾丸触诊法。在正常情况下,雄性水貂睾丸从 12 月下旬起发育迅速,到翌年 1 月末至 2 月初达到最大尺寸,2 月中旬开始萎缩。而不育公貂的睾丸有两种情况:一种是从 12 月份到翌年 3 月份始终触摸不到,称之为隐睾症;另一种是睾丸发育延迟,即 1 月到 2 月中旬睾丸较小,而 2 月末、3 月初时增大,并达到正常大小。因此,在一定时期内通过触诊睾丸,可以在一定程度上估测雄性水貂的繁殖力。睾丸触诊的时间选择很重要,1 月初公貂的睾丸直径,个体间差别很大,除隐睾外很难区别发育不良或正常的睾丸。以 1 月末到 2 月初进行 2～3 次触诊检查,效果较好。触诊时根据阴囊内睾丸的大小、致密性、位置和滑动性给水貂评分。其评分标准如下:

0 分:触摸不到睾丸。

1 分:睾丸最大直径小于 0.7 cm,或者睾丸比较柔软(发育不良)。

2 分:睾丸大小正常(长轴直径 1.2～1.7 cm),并且位于阴囊内正常位置,但在阴囊内的滑动性较差。

3 分:睾丸大小、致密性、位置和滑动性都正常。

凡是评分为 0 和 1 分的,都必须淘汰。为防止受主观因素的影响,最好用卡尺测量睾丸直径。

有的公貂睾丸尽管尺寸是正常的,但繁殖时精液品质却很差,这样的不育公貂,很难用此法检查出来。

在进行睾丸触诊时,最好结合进行附睾触诊。在接近繁殖季节时,繁殖力低下的公貂,附睾触感硬且扁;而繁殖力高的公貂,附睾软且有液体充盈的感觉。

(2)血清睾酮测定法。国外有的研究者实验结果表明,正常蓝宝石色雄性水貂 9～11 月份的平均睾酮浓度较低,到 12 月份有所增加,翌年 1 月下旬达到最高值;此后急剧下降,3 月下旬达到最低值。同样颜色的不育公貂,9～11 月份的血清睾酮浓度变化情况与正常公貂相同,但 12 月下旬则低于正常公貂,开始增高的时间比正常公貂晚,虽然也在 1 月下旬达到最高值,但与正常公貂比,2 月上旬血清睾酮浓度仍然很高,这与其在配种期的精液品质,呈强的负相关关系($r=-0.73$)。一些睾丸触诊正常的不育公貂,可通过该方法得到淘汰。因此,似乎在 2 月初根据血清睾酮浓度,能很好地估测雄性水貂的繁殖力。然而一些资料表明,这种方法有时也不太可靠,甚至得出相反的结论。因此,应用血清睾酮检查估测种公貂繁殖力的方法,尚需进一步深入研究。

(3)睾丸活检法。睾丸活检,最初用于睾丸触诊和激素分泌都正常而精子缺乏的男性不育症的诊断。后来有人将此技术用于估测公貂繁殖力,效果较好。具体检测过程如下:

①样品采集。在 1 月末,将待检公貂不经麻醉固定于手术台上,用 19 号针头穿刺 1 只睾丸(如睾丸大小不一致,则穿刺较大的睾丸),避免损伤睾丸尾部。将所用 20 mL 注射器的栓塞保持在 2～5 mL 的位置,使之产生负压,靠此压力吸出睾丸组织,然后拔出针头,将样品展开于载玻片上,自然干燥,用美兰—姬姆萨液染色后,置 400 倍显微镜下检查。

②繁殖力分析。观察镜下视野中输精管上皮主要细胞的数量。评分标准如下:

1 分:视野中只有支持细胞。

2 分:视野中只有精原细胞。

3 分:视野中有 10 个以下精母细胞,但无圆形精细胞。

4 分:视野中有 10～30 个精细胞,无圆形精细胞。

5 分:视野中出现圆形精细胞,但数量少于 10 个,尚无成熟期精细胞。

6 分:视野中有圆形精细胞 10～40 个,仍无成熟期精细胞出现。

7 分:视野中的圆形精母细胞超过 40 个,但仍然没有成熟期精细胞出现。

8 分:每个视野中有 20 个以上成熟精细胞。

9 分:每个视野中有 20～50 个成熟精子。

10 分:每个视野中有 50 个以上成熟精子。

观察的重点集中在有无浓缩的顶体期和成熟期精细胞,以及有无单倍体生殖细胞。评分低于 7 分的公貂,可判为不育公貂。

试验表明,活检对公貂性欲和一般行为无不良影响。由于穿刺本身一般不会破坏血睾屏障,所以也就不会发生睾丸自体免疫。

(4)附睾采精法。雄性水貂睾丸曲细精管的生精细胞,经过多次分裂后形成精子,精子随精细管的液流输出,经精细管、睾丸网、输出管到达附睾管中。1 月下旬的公貂附睾切片中就有精子存在,因此,在 1 月下旬、2 月上旬采集附睾管液,根据其中有无精子、精子的数量和运动情况,即可估测雄性水貂的繁殖力。其方法如下:

待检公貂注射 0.2 mL 氯胺酮麻醉剂,麻醉后使其腹部向上躺在桌子上,剪掉阴囊上的毛,然后用手固定 1 只睾丸,将附睾尾端定位,用柳叶刀刺一小孔,将流出的少量液体涂于载玻片上,置显微镜下观察。根据视野内精子的数量和运动情况评分。检查后,公貂注射 5 mg 硫酸庆大霉素,阴囊喷以 1%碘酊,然后送回笼内。通常 9 个人分工协作,每天大约能检查 500 只公貂。一般越接近繁殖期,采样越容易。浅色公貂比深色公貂容易采样。附睾上刺破的伤口几天后就会痊愈,对繁殖和其他行为均无有害影响。第一次检查精子质量不好的公貂,隔几天再采 1 次样,两次结果都很差的公貂,应予淘汰。

2.训练种公貂在繁殖季节早期配种

按1∶4(公∶母)留种的貂群,种公貂在配种季节的利用率达到85%～90%时,配种工作才能顺利完成。而配种初期种公貂交配率的高低,将直接影响配种进度。一般初配阶段种公貂交配率应达80%以上,而配种初期对种公貂进行配种训练,是提高种公貂交配率的重要措施,同时也是此期的主要工作任务。

种公貂(尤其是青年公貂)第一次交配比较困难,但一经交配成功,获得了交配经验,就能顺利地与其他母貂交配。如在初次交配时被母貂拒配、撕咬,则可能形成惧怕心理,丧失性欲,以后很难再参加交配。训练种公貂,就是用还没有参加过配种的公貂去配发情好、性情温顺的母貂(通常是经产母貂),使其在母貂的积极配合下顺利达成第一次交配。发情不好或没有把握的母貂,不能用来训练种公貂。训练过程中要注意爱护公貂,防止粗暴地恐吓和扑打。一旦发现母貂拒配并且要撕咬公貂时,应及时分开。训练公貂是一项耐心细致的工作,必须善于观察分析,持之以恒。有时公貂在配种后期才开始参加交配,而这样的公貂恰能起到突击配种或收尾的作用。

3.合理利用种公貂

种公貂的配种能力,个体间差异很大。一般公貂在一个配种期可交配10～15次,多者高达20次。为了保证种公貂在整个配种期都有旺盛的性欲,应有计划地控制使用。在初配阶段,公貂1天仅能交配1次,复配阶段1天可利用2次,但使用2～3 d应休息1 d。对于交配能力强的公貂,配种初期交配的母貂数不要超过7只。对性欲盛、交配能力过强的公貂,要注意防止其在母貂非发情持续期里交配,造成空怀。对配种熟练、有特殊技能的公貂(如会躺倒侧配、母貂后腿不站立也能达到交配等),要少配易配的母貂,应重点使用,专配后期难配的母貂。

4.检查配种期种公貂的精液品质

通过这种检查,可以进一步淘汰在早期估测中判断不准的公貂,或监测环境和营养突然恶化对公貂精液质量的影响,以制订相应对策,从而防止因精液品质不良或无精子造成的母貂不孕。初配阶段每个公貂都要检查,复配阶段配种次数较多或营养和管理有较大变化时,也要对有关公貂进行精液检查。具体方法如下:

(1)采精。用清洁滴管吸取少量生理盐水(或钝头细玻璃棒),在刚交配过的母貂阴道内(插入深度 2～3 cm)轻轻吸取少量精液,涂在载玻片上。

(2)镜检。把涂有精液的载玻片放在显微镜下,放大 200～400 倍观察。首先检查有无精子,再根据视野内精子的数量、形状和运动状态判断精液质量。优质精液的精子数量较多,头椭圆,尾长而稍有弯曲,活力强(直线运动);品质差的精液精子的活力差(圆周式运动),或无活力(不活动),或是死精子,数量稀少,头圆大,尾短粗直,甚至畸形(双头双尾或不对称)。

检查精液品质要在交配完毕立即进行。有的交配时间过长,检查结果可能不准确。在做镜检时,镜检室温度不能过高或过低,以免影响水貂精子活力的判定(以 25℃左右为适)。阴道吸取物过干、浓稠时,可用温生理盐水适当稀释。

经几次检查,无精子或精液品质不良的公貂就不能再参加以后的配种。已被其交配的母貂,要找其他公貂重配。

二、提高母貂繁殖力的辅助措施

发情求偶交配,是动物繁衍后代的本能行为,故绝大多数雌貂都能在配种期顺利达成交配。但在笼养条件下,每年都有一些母貂不发情,或发情而不接受交配,或接受交配但姿势不妥,或外生殖器畸形而难以达成交配。这些母貂统称为难配母貂。为了使母貂在繁殖季节全部受配,最大限度地提高母貂繁殖率,对于那些拒配母貂，应该具体分析其拒配原因，然后采取一些相应的辅助措施。

对于阴门封闭或狭窄的母貂，可先用手轻轻拔掉阴毛，然后用较粗的吸管插入阴门，将阴门扩大后，选择配种能力强的公貂与其交配。

对于择偶性强的母貂，可通过更换公貂达成交配。

对于不会抬尾的母貂，放对前先用细绳扎住尾尖，然后将细绳从貂笼顶端拉出。待公貂进行交配时，适当地用手轻轻拉细绳，以调整母貂后躯高度，使交配顺利完成。

对于交配时腹卧笼底、后肢不站立的母貂，可用手或木棍从笼网底向上托起母貂后肢部，辅助公貂交配。

配种后期，当外阴变化明显的母貂撕咬公貂时，应做阴道涂片检查鉴定发情状况。确已发情的，可用配种能力强的公貂交配，或用医用胶布缠住嘴和四爪后再让公貂交配；也可肌内注射 2 mg 安定，待 20 s 左右母貂开始安静、有睡意，但尚能控制活动时，将其放入公貂笼内放对；或肌内注射 3～5 mg 安定使母貂昏睡，次日清晨精神恢复后立即放对。

对于到配种后期还始终不发情而拒配的母貂，可肌内注射 100 IU 的孕马血清促性腺激素，母貂常在几天后愿意接受交配，受配率达 80%。但与正常配种的母貂比，受胎率较低（激素诱导的受胎率为 50%，正常配种的受胎率为 80%）。对于配种旺期不发情、发情不好和强烈拒配的母貂，国内有报道用人绒毛膜促性腺激素（HCG）处理（每只肌内注射 125～170 IU），效果亦较好。激素处理只能用于个别发情不正常的母貂，正常发情的母貂不宜滥用。

必须说明，采用人工辅助配种达成交配的雌貂不如自然交配的雌貂繁殖效果好。故各种辅助措施要慎用，禁止在开始配种就采用封嘴，扎腿，注射激素等措施。

第四节　母貂妊娠

一、妊娠

母貂最后一次交配结束后，即进入妊娠期。妊娠期变动化幅度很大(37～83 d)，平均为(47±2) d，通常分三个阶段。

1. 卵裂期

即受精卵经输卵管到达子宫的时间，需 6～8 d(有人认为 8～11 d)。此期受精卵经过细胞分裂形成囊胚。

2. 胚泡滞育期

即从胚泡进入子宫至着床的时间，需 1～46 d(有人认为 6～31 d)。由于水貂排卵后黄体休眠期的存在，子宫内膜尚未为胚泡植入做好准备，故胚泡进入子宫后不能马上着床，而是处在游动状态，此期胚泡不发育或发育非常缓慢，处于相对静止阶段，胚泡可以从一侧子宫角游到另一侧子宫角。

胚泡滞育期结束的时间与黄体分泌孕酮的时间有关。水貂具有胚泡滞育期的原因，是由于卵巢上的滤泡排卵后，不能很快形成具有分泌孕酮能力的妊娠黄体。以春分为“信号”，随着日照时间的延长，黄体被“激活”，逐渐具有分泌能力。通常情况下孕貂血浆中孕酮的浓度在 3 月 25～30 日开始升高，7～10 d 后胚泡开始着床(在 4 月 1～10 日)。因此，无论配种结束日期早晚，胚泡开始着床的时间基本相近，交配结束日期早的母貂通常比交配结束日期晚的母貂胚泡滞育期长。所以有人认为，配种结束后有规律地增加光照可诱发孕酮提前分泌，从而缩短胚泡滞育期。因为胚泡在着床以前只能从子宫腺体所分泌的子宫乳中获得营养，所以死亡率很高。缩短胚泡滞育期可提高胚泡着床率和胎产仔数。

3.胚胎期

从胚泡在子宫内膜着床到胎儿产出的时间,一般为(30±2) d。随着黄体分泌孕酮,子宫内膜增厚,胚泡开始着床并形成胎盘,胚胎开始迅速发育。通常情况下,胚胎着床数占排卵数的 83.7%,而出生的仔貂仅为排卵数的 50.2%。可见水貂妊娠期胚胎死亡率较高,必须加强饲养管理。

母貂妊娠期的长短,主要与胚泡滞育期的长短有关。胚泡植入后,胚胎的发育速度基本相同。实践证明,水貂的毛色、配种结束日期、配种方法和个体不同都不同程度地影响妊娠期。标准貂的妊娠期略短于彩色水貂(表 4-4)。配种结束日期越早,妊娠期越长,反之则短(表 4-5)。据报道,在交配一次的情况下,水貂的妊娠期与配种结束日期的回归关系,可用以下回归方程表示:$G=59.31-0.44\times t_1$(G 为妊娠期,t_1 为配种结束日期),二者之间的相关系数为 $r=-0.48\pm0.03$。在同样的气候和饲养管理条件下,交配日期相同的不同个体间妊娠期的长短有 19 d(44~63 d)

表 4-4 不同色型水貂的妊娠期

色型	妊娠期(d)	母貂数(只)	色型	妊娠期(d)	母貂数(只)
标准色	51.22	3 466	青铜色	51.95	718
咖啡色	53.04	5 662	粉红色	52.69	12
珍珠色	52.49	686	紫罗兰色	52.81	338
蓝宝石色	52.88	1 152	银蓝色	55.08	55

表 4-5 配种结束日期与妊娠期的关系

交配日期	3月							
	1~3	4~6	7~9	10~12	13~15	16~18	19~21	22~24
母貂数(只)	21	100	136	166	154	93	51	26
妊娠期(d)	58.7	55.2	52.3	51.4	50.7	48.9	48.2	49
变化幅度(d)	47~68	46~76	43~63	42~70	39~62	40~63	41~60	41~53

的差异，这与不同个体对光周期变化的反应或敏感程度有关。配种方式对妊娠期长短的影响见表 4-6。

表 4-6　配种方式与妊娠期的关系

	配种方式	1	1+1	1+7～9	1+1+7～9	1+7～9+1
	统计数	372	161	629	90	8
妊娠期	从第一次交配起(d)	49.8	50.5	55.4	57.3	54.1
	从第二次交配起(d)	—	49.5	46.3	49.5	46.5
	妊娠期相差天数(d)	—	1	9.1	7.8	7.6
	变化幅度(d)	30～77	39～67	38～74	41～74	43～58

水貂有时会出现假妊娠现象，即母貂交配后，虽然未能形成受精卵，或者胚泡未能着床，但是却出现一系列类似妊娠的征兆。假妊娠母貂，交配后黄体经过休眠期不仅未退化，反而不断增长，并分泌出孕酮。经组织学观察，假孕母貂的卵巢中存在小黄体，垂体中分泌卵泡刺激素（FSH）的细胞明显增强，并有高度活性，因而在卵巢中不仅有成熟的卵泡，而且子宫内膜的变化也完全与正常妊娠母貂相同，只是没有胚泡存在。

二、妊娠诊断

由于水貂的配种多采用复配方式，无论是同期复配还是异期复配，每次交配都有可能使卵子受精。以异期复配为例，在上一发情周期中，交配后，不论是否形成受精卵，在下一发情周期里，只要母貂再次发情排卵，交配仍有可能形成受精卵。加之在妊娠的最初阶段，光周期对黄体活性有抑制作用，影响孕酮的分泌，使受精卵在卵裂到一定阶段时，因缺乏孕酮，出现或长或短的胚泡滞育期。因此，与传统家畜不同，既不能根据母貂配种后在下一发情周期内是否再次发情来诊断是否已经妊娠，也不能将血液或尿液中孕酮含量的多少作为母貂早期妊娠诊断的依据。目前只能通过观察母貂的采食、活动、膘情等变化，确定母貂是否妊娠。母貂妊娠后，采食量明显增加，贪睡，不喜欢运动，喜欢安静的环境，膘情好转，被毛光亮，性情温顺。

第五节　产　仔

一、产仔期

水貂的产仔期虽然依个体、地区的不同而有所差异，但是一般都在 4 月下旬至 5 月上旬。即五一前后 5～6 d 是产仔旺期，有个别母貂可能会延迟到 5 月下旬。

二、产仔数和产仔时间

母貂胎产仔数的差异也比较大，少则 1 只，最高 18 只，一般情况下为 5～7 只，胎平均产仔 6 只左右的比较普遍。彩貂比标准貂稍低一些。胎产仔数与产仔期是负相关的关系：随着产仔期延长，产仔数也相对减少，一般 5 月 5 日以前产仔的母貂，平均产仔数高于 5 月 5 日以后产仔的母貂。

人工辅助光照的方法，是利用 40 W 日光灯管，或 100～200 W 白炽灯泡照明，光源距貂笼垂直距离以 0.8～1.0 m 为宜。人工辅助采光要有规律，随意增减光照可能导致妊娠母貂出现死胎、化胎现象，造成胚胎吸收，从而减少水貂产仔数。

母貂产仔一般在夜间或清晨，顺产时需 3～5 h。出现难产的母貂会食欲突然下降，精神紧张、急躁不安，不断取蹲坐位排便姿势或舔外阴部。经催产仍无效时，可以根据情况采取剖腹取胎手术，抢救母貂和胎儿。

判断母貂是否已经产仔的主要依据是，听产仔箱内仔貂的叫声和检查母貂的粪便，产仔时因母貂吃掉胎盘，拉的粪便有未消化彻底的血。一般在产仔后 6～8 h 进行初次检查，之后每隔 2～3 d 检查 1 次，以便随时发现仔貂的异常情况。检查是在母貂走出产仔箱吃食时进行，要保持安静、动作迅速、窝箱内尽量保持原样。为了避免将异味带到仔貂身上，造成母貂伤害仔貂，检查人员在检查前应用清水洗手，检查时先用产仔箱中的垫草搓手，然后再检查仔貂。

三、仔貂检查

健康仔貂全身是干的，同窝仔貂发育均匀，体躯温暖，成堆地卧在窝内。拿在手中挣扎有力，全身紧凑，圆胖红润；不正常的仔貂胎毛潮湿，体躯较凉，在窝乱爬四散，握在手中挣扎无力，同窝仔貂大小不均。

在一般情况下，只要母貂情绪正常，仔貂叫声正常，就不打开产仔箱检查。即使打开产仔箱也不要轻易用手去扒仔貂，以免母貂搬弄仔貂或伤害仔貂。在母貂情绪不正常或产仔数量多的情况下，需要其他母貂代养时，才可以动手搬弄仔貂。

四、仔貂保活技术

1.仔貂生长发育特点

初生仔貂体重 8～12 g，体长 6～8 cm，闭眼，无齿。未吃乳前鼻镜干燥，吃初乳后鼻镜发黑。脐带经 2～3 d 脱落。爪不尖、不硬。粪便呈小条状，黑黄色或黄绿色，拉出后立即被母貂吃掉。

(1)5 日龄。毛色变深，爪略变硬，耳孔未显露。黑褐貂体重约 25 g，体长约 9.1 cm。

(2)10 日龄。毛色更深，颈上部皱纹增多，被毛长约 2 mm，触须长 2.5 mm 左右，爪变硬。母仔貂腹部可见乳头，公仔貂睾丸不明显。黑褐色貂体重约 46 g，体长约 11.5 cm。

(3)15 日龄。被毛长约 4 mm，触须长约 7 mm。鼻镜有黑痂，齿龈微突。公貂可触摸到阴茎。黑褐色貂体重约 73 g,体长约 13.6 cm。

(4)20 日龄。被毛长 6～7 mm,少数仔貂长出牙,多数还未长出牙。母貂外阴部明显外突 4～5 mm。黑褐色仔貂体重约 100.7 g,体长约 15.7 cm。

(5)25 日龄。长出犬、臼齿,有的门牙亦长出。个别健壮仔貂已睁眼,爪尖而硬。体重约 138.7 g,体长约 17.7 cm。

(6)30 日龄。部分仔貂睁眼,靠近犬齿的 1 对门齿显露。体重约 174.2 g,体长约 19.2 cm。

(7)35 日龄。全部仔貂睁眼,但不会眨眼。公貂睾丸呈椭圆形,明显可见。大多开始采食。体重约 217.6 g,体长约 20 cm。

(8)40 日龄。针毛开始长出,下门齿亦开始生长。体重约 295.3 g,体长约 22.9 cm。

仔貂从出生到 45 日龄为哺乳期。此期仔貂各方面的调节机能发育不完善,对环境变化的适应能力弱,抵抗力低,最易死亡。据观察,仔貂哺乳期一般死亡率达 10%～20%,而其中前 5 日的死亡率占整个哺乳期死亡率的 70%。因此,分析影响仔貂成活率的因素,加强仔貂保护技术措施,是提高水貂繁殖率的重要步骤。

2.提高仔貂成活率的技术措施

(1)做好产仔前的准备工作。首先,应加强妊娠期饲养管理(详见饲养管理部分)。严把饲料营养和质量关,注意保持貂场环境的安静,以杜绝流产、死胎、烂胎现象的发生,保证初生仔貂健康,有较强的生活力。其次,要在 4 月中旬准备好垫草,做好产箱的清理、清毒工作。小室消毒可用 2%热碱水冲刷,也可用喷灯火焰消毒。产箱四壁缝隙要封严。保温用的垫草要清洁、干燥、柔软、不易碎,以山草、软杂草、乌拉草等为好,稻草捣松软后也可应用。严禁用其他畜禽已用过或污染过的垫草,也不要用破旧棉絮。垫草多少可根据当地气温灵活掌握。絮草时要把草抖落成纵横交错的草蓬,一莲一蓬地絮在小室内,以防被母貂拽出。箱底部和四角要压实,中间留有空隙,以便母貂进一步整理做窝。垫草应在产仔前一次絮足,否则产后再补加会惊扰母貂。

有些貂场或养殖户采用简易保温产仔箱的方法,保证仔貂生长所需的适宜温度,效果也很好。具体方法是:

①制作木桶套箱。用木料制作成锥形圆桶,大型的高 30 cm、上口直径 26 cm、下口直径 30 cm,小型的高 23 cm、上口直径 20 cm、下口直径 23 cm,壁上开一直径 12 cm 的小门。使用时将圆桶放入产仔箱中,桶与箱的间隙用草紧密填充,窝底铺少量柔软垫草。

②制作网笼套箱。用铁丝编成长 20 cm、宽 16 cm、高 20 cm 的小笼,笼网眼大小为 1.8 cm,笼壁一侧设有出入口,笼底稍呈锅底形。使用时将网笼放入产仔箱内,笼与箱的间隙用草紧密填充,笼底铺垫少量短而柔软的垫草。

(2)加强水貂产仔期间和产仔后的护理工作。

①注意观察母貂产仔情况。母貂突然拒食 1～2 次,是分娩的重要先兆。如果拒食多次,腹部很大,又经常出入于小室,行动不安;精神不振,蜷缩在小室中;在笼网上摩擦外阴部或舔外阴部;出现排便动作,且外阴部有血样物流出;“咕咕”直叫,又不见仔貂叫声,这些现象可能是母貂难产。发现母貂难产时,应注意观察,采取相应助产措施,并做好记录。当发现仔貂在母貂外阴部夹住,久娩不出时,可将母貂抓住,依照母貂的分娩动作,顺势用力把仔貂拉出,进行人工处置后代养。如果母貂娩力不足时,可注射催产素(0.3～0.4 mL)进行观察,待 2～3 h 后仍产不出仔貂时,要进行剖腹产手术。取出的仔貂经人工处理后代养,对术后的母貂一定要加强护理。

②及时检查仔貂情况。适时检查初生仔貂健康和吮乳情况,发现异常,及时处理,对提高仔貂成活率、减少仔貂初生时的死亡

十分必要。

检查仔貂应听看结合。水貂产仔后，其仔貂的叫声可反映出仔貂的健康状况。当仔貂的叫声尖而短促、强而有力时，说明仔貂一般是健康的。当仔貂叫声冗长、无力或沙哑，是弱仔的反映。仔貂长时间叫声不停，由尖短有力变为冗长无力、沙哑时，说明仔貂没有吃上奶、窝冷或爬出窝外远离母貂受冻所致。这时应立即开箱检查，并采取果断而适宜的护理措施。

如果仔貂叫声正常，可待母貂排出食胎衣的粪便（油黑发亮）后检查。健康仔貂发育均匀，在窝中聚在一起，拿在手中挣扎有力，腹部饱满，鼻镜唇部发黑（说明吃上奶了）。弱仔在窝中分散，大小不均，拿在手中挣扎无力，腹部平凹，貂体往往湿凉。

检查者手上千万不要染上异味，检查前先想办法把母貂逗引到小室外并将小室门插上。若母貂不出产箱，暂不要强行检查。在开箱后触摸仔貂前，先用垫草擦擦手。检查的重点是看仔貂是否健康，是否吃上奶，窝形和垫草量，仔貂体温是否正常，有无红爪病，母貂产仔数及母性情况等。根据发现的问题，及时采取相应的措施。

仔貂的健康状况，经过一次检查后，不必天天检查。但要注意母貂的行为，如遇母貂不安心哺乳，还应及时检查仔貂的发育情况，当发现母貂奶量不足时，应及时组织代养。

③抢救仔貂。有的母貂把仔貂产在笼网上，有的仔貂自行乱爬，会从笼网中掉落地面，这些仔貂都很容易被冻僵。如冻僵时间不长，应及时抢救，一般都可救活。抢救时，先擦去仔貂身上的泥沙和胎膜，然后用保温袋进行保温，待仔貂恢复生活能力后，再送回原窝或代养。

因母貂难产或受压而窒息的仔貂，如果发生时间较短，可采取心脏按摩的方法，帮助仔貂心脏跳动，然后进行人工呼吸，有时亦能将仔貂救活。

母貂因难产死亡时，要立即剖腹取胎，先去掉胎膜，擦干羊水，然后利用人工呼吸的方法抢救仔貂。

如果小室缺草，仔貂受冻，应将仔貂拿出，把小室添满垫草，做好窝，待仔貂暖和到有吃奶能力时再送回窝内。

在检查仔貂时，发现无力吃奶的，可人工温暖后，用小吸管喂给5%的葡萄糖、牛乳、羊乳1～2滴(温度在40℃左右)。人工哺乳后，待叫声有力时送回窝。在给仔貂人工哺乳时，不可急躁，喂量不要过大，以防呛入肺内。

为了及时发现母貂和仔貂的异常情况，养貂场在产仔期应建立昼夜值班制度，每隔两小时到貂舍巡查一遍，遇到问题及时解决。

④搞好仔貂代养。当同窝仔貂较多，母貂已哺育不过来，或母貂乳量不足、无乳，或产后患乳房炎、自咬病等疾病，或母貂弃仔、死亡时，要对这些母貂的部分或全部仔貂采取代养措施。其代养原则是：代养的必须是健康仔貂；尽量使两窝仔貂日龄和大小接近；代养时饲养人员手上不应有强烈异味，以防母貂咬仔或弃仔。

代养的方法一般有两种。一是同味法。即把要代养的仔貂用代养母貂的仔貂肛门或垫草轻轻摩擦全身，使它们身上的气味相似(先将母貂诱出小室)，然后一次放在窝内，打开小室门，让母貂自行护理。二是自行叼入法。其具体方法是，用插板封死小室门，在门口放一块木板，然后将仔貂放在代养母貂洞口的木板上，打开小室门，母貂听到仔貂的叫声后会自行将仔貂叼入。这两种方法中，以第一种方法成功率较高。

第五章 水貂的饲料与营养

第一节 水貂对营养物质的需求

水貂的产品，如毛皮、肌肉、脂肪等均为物质和能量代谢的产物。水貂从日粮中摄取各种营养物和能量，一部分供给维持生命活动，剩余部分通过复杂的生物化学变化转变成各种产品。水貂在不同生物学时期，由于新陈代谢具有不同特点，故对营养物质和能量的需求也不一样。例如，初生的仔貂只有 8～12 g，在 5～8 月中迅速生长发育，至 8 月底一般要达最终体重的 80%，故对饲料质和量均要求高。到秋季，生长减慢，开始脱夏毛长冬毛，此时期与生长期相比，能量需求减少，但对蛋白质和碳水化合物要求增高，尤其是对毛绒生长必需的含硫氨基酸更显得重要。

水貂不同的生理时期，对营养和能量需要的特点：

(1)维持期(12 月至第二年 2 月)。又称准备配种期，是种貂调整体况的时期。此时，水貂生理活性较低。营养需要量是全年最少的时期，故应注意，日粮能量水平应适当降低，以防长得过于肥胖，影响 3 月的发情交配。

(2)繁殖期(3～5 月)。此时期内，水貂除维持需要外，还有发情、交配、妊娠、产仔的营养需要。合成新细胞促进卵巢、睾丸活动，受精卵的发育，胚胎的发育和分娩哺乳等均需要营养，日粮除提高热能外，还应提高蛋白质水平以及供给足量维生素、矿物元素等。

(3)哺乳期。雌貂除自身的营养需要外，还要泌乳供给仔貂迅速生长发育的需要。仔貂 20 日龄后的体重可达初生重的 10 倍以上，仔貂采食前生长发育所需要的热量、蛋白质、矿物质和维生素等均由母乳提供，母乳不足，会对仔貂的发育带来很大危害。

(4)育成期。是幼龄貂生理活性上最剧烈的时期，是对热量、蛋白质需要最多的时期。仔貂一旦开始采食，生长发育极快，20 日龄一般体重 120～150 g。到 50～60 日龄，体重可达到 800 g。此时期，水貂食欲旺盛，需要大量热能、蛋白质、维生素、矿物质，用以合成机体组织器官。饲养中必须予以充分注意。

(5)毛皮形成期。9 月以后，幼貂机体增长逐渐变慢，并逐渐开始脱夏毛长冬毛。此期生长的冬毛决定商品的生产价值，故此时期供给符合要求的日粮是非常重要的。

一、蛋白质

蛋白质是一切生命的基础，是构成细胞的重要成分，是水貂有机体内所有组织和器官构成的主要原料，是参与水貂有机体内物质代谢不可缺少的物质；蛋白质在物质代谢过程中也释放能量，也是机体热能来源之一。每克蛋白质在水貂体内氧化时，可产生 17.14 kcal(1 kcal＝4.186 8 kJ，以下同)的热量。

1.蛋白质的成分及营养价值

蛋白质是由碳(C)、氢(H)、氧(O)、氮(N)和少量的硫(S)元素组成的，它们之间的比例是：碳 50.6%～54.5%，氢 6.5%～7.3%，氧 21.5%～23.5%，氮 15.0%～17.6%，硫 0.3%～2.5%。由于各种蛋白质平均含氮量为 16%，所以测定饲料中蛋白质的含量常采用定氮法，将测得的氮值乘以 6.25(蛋白质换算系数)，便可以求得该饲料中的粗蛋白含量。

蛋白质是一种复杂的高分子化合物，其组成的基本单位是氨基酸。蛋白质由于含氨基酸的种类、数量及组成的不同，而种类颇多，性质不一，但是通常都可以经过酶的作用分解产生多种氨基酸。在酶的作用下,水解只产生氨基酸的蛋白质,称单纯蛋白质;水解时除产生氨基酸以外,还产生核酸、磷酸或糖类的,称为结合蛋白质。

构成蛋白质的氨基酸已知的有20种,其中又可分为必需氨基酸和非必需氨基酸。非必需氨基酸在动物体内可以通过其他氨基酸的氨基转换或由无氮物质和氨化合而成。虽然它们对动物的生命活动也有重要作用,由于动物体可以转化合成,因此不是饲料蛋白质中所不可缺少的。饲料中缺少非必需氨基酸,不会引起营养失调和生长停滞。必需氨基酸不能在动物体内合成,也不能由其他氨基酸代替,它们又是动物生命活动所必不可缺少的,必须经常从饲料的蛋白质中获取。饲料中如果缺乏必需氨基酸,即使蛋白质含量很高,也会造成水貂蛋白质代谢紊乱、营养失调、生长发育受阻、体重减轻、生产性能下降等不良后果。必需氨基酸有10种,即苏氨酸、缬氨酸、亮氨酸、异亮氨酸、色氨酸、精氨酸、赖氨酸、蛋氨酸、苯丙氨酸、组氨酸。

蛋白质因含必需氨基酸的多少不同,其营养价值也不一样。含有全部必需氨基酸的蛋白质,称全价蛋白质,它的营养价值高,可以满足水貂生长发育等各方面的需要。不含或只含部分必需氨基酸的蛋白质,称不全价蛋白质,它的营养价值低,不能保证水貂体内正常生长发育和繁殖的需要。

各种饲料中蛋白质的必需氨基酸的含量是不相同的。例如,甲种饲料中的蛋白质含某几种必需氨基酸较多,另几种必需氨基酸的含量则较少。乙种饲料中的蛋白质所含必需氨基酸的比值恰好与甲种饲料相反,将这两种饲料混合使用,就能提高它们的利用率,这种现象称为氨基酸互补作用。人们可以充分利用这一作用提高蛋白质的生物价值。例如,牛奶中的色氨酸、赖氨酸可以补充玉米中的不足部分;肝中苯丙氨酸可以补充鱼类所不足的部分;玉米粉中的亮氨酸可以补充鱼粉中的不足部分。可见,采用多种饲料混合喂水貂，对提高蛋白质的利用率是有重要意义的。在生产实践中，采用多种饲料喂貂，可提高生产效果。

2.蛋白质在水貂生产中的作用

蛋白质是水貂极为重要的营养物质，尤其在母貂的妊娠哺乳期和幼貂的育成期，体内进行着旺盛的蛋白质代谢，同化作用大于异化作用，因此在日粮中必须给予充足的营养价值高的蛋白质饲料。由于蛋白质在水貂体内以动态平衡的方式储留，所以，蛋白质供给过量不仅造成浪费，提高饲养成本，也增加肝和肾的负担，产生不良后果。如果蛋白质供给不足，将给水貂生产带来极其严重的不良后果，这一点在生产实践中尤其应引起足够的重视。一般在正常饲养条件下，每只水貂每天蛋白质20～40 g，但可因不同的生理时期和不同地区而有差异。

蛋白质供给不足对水貂的影响有以下4个方面：

(1)使水貂机体的蛋白质代谢处于负平衡状态，体重下降、消瘦，生长停滞，甚至可以危及生命，造成死亡。

(2)长期蛋白质供给不足，可以破坏肝脏等组织器官合成酶的作用，影响血浆蛋白和血红蛋白的形成，使水貂各组织的蛋白质相应减少。血红蛋白的减少可导致贫血；球蛋白的减少，可影响水貂体内抗体的产生，从而降低水貂对疾病的抵抗力。

(3)仔幼貂生长发育、毛绒的季节性脱换都需要大量的蛋白质。因此，蛋白质供给不足，必然影响幼貂的生长发育及正常的绒毛脱换，使生长曲线下降，毛绒品质低劣。

(4)影响水貂的繁殖，使公貂精子生成受阻，品质下降；使母貂性周期紊乱、空怀。在妊娠期可使胎儿发育不良，甚至死胎、流产以及分娩后母貂缺奶，造成仔貂死亡。

二、脂肪

脂肪是由碳、氢、氧3种元素化合组成的有机化合物，广泛存在于动植物体内，是构成动物有机体的主要成分。脂肪包括油脂和类脂两大类。油脂由甘油和脂肪酸构成。一般情况下呈液态的为油，呈固态的为脂。类脂包括磷脂、糖脂、胆固醇。

水貂饲料，脂肪含量变动范围很大。肉类饲料中，同一畜体的部位不同，脂肪含量也有所不同。如牛肉含脂在 5.5%以上，牛肺含脂率则为 1.4%。鱼类饲料中不同种类的鱼，含脂率差别也很大。如带鱼含脂率为 3.4%，鳎目鱼的含脂率仅为 0.66%。不同种类的饲料含脂率也不相同。如蚕蛹的含脂率为 15%～24%，玉米的含脂率为 4.3%。

1.脂肪生理作用

脂肪是水貂日粮中不可缺少的营养物质，在水貂机体内，有重要的生理意义。

(1)是水貂有机体生长和修补组织的原料。脂肪是动物细胞的一个重要组成部分，细胞核、细胞质都是由蛋白质和脂肪结合而成的脂蛋白组成的。一切动物有机体组织均含有脂肪。因此，水貂的生长发育和修补组织，都必须有脂肪的充分供应。

(2)是水貂体内贮存能量的主要形式。脂肪含有大量的化学潜能，1 g 脂肪在体内完全氧化，可释放出 38.87 kcal 的热量，比同等重量的蛋白质和糖类高 1 倍以上，所以，脂肪是水貂体内供给热量的重要物质。体内多余的脂肪可贮存在皮下、肠系膜、大网膜等脂肪组织中，一旦机体需要，贮存的脂肪可被动员出来，进行氧化分解，放出大量能量，满足水貂的需要。

(3)是水貂机体内分泌和消化液的原料。动物有机体内的胆固醇是构成维生素 D 及固醇类激素的原料。如睾丸酮、孕酮、雌二醇和肾上腺皮质激素等的合成，都必须有脂肪参与。胆汁中的牛磺酸也是由胆固醇合成的。

(4)是脂溶性维生素的溶剂。脂肪是维生素 A、维生素 D、维生素 E、维生素 K 等脂溶性维生素的有机溶剂，它们的吸收、输送及被水貂机体利用,都是靠溶于脂肪的形式来完成的。

(5)有保温和保护作用。脂肪是热的不良导体,皮下组织中贮存的脂肪,形成柔软而富弹性的脂肪层,可以阻止体内热量散发,保护体温和御寒;还可以缓冲外界的机械性碰撞,以保护内脏器官免受损伤,并能增加毛的光泽。

2.水貂对脂肪的需要

水貂对脂肪的利用率较高,通常达95%左右,随着脂肪类的不同而不同。含饱和脂肪酸多的脂肪不易消化吸收,因而利用率低;含不饱和脂肪酸较多的脂肪,容易消化吸收,因而利用率较高。水貂日粮中脂肪的含量应以8～10 g为宜,但不同地区和不同季节可以有较大的变动。一般来说,在冬毛生长期,脂肪供给量应多些,在繁殖季节和夏季应严格控制脂肪用量。

水貂日粮中脂肪供应不足时,不仅增加蛋白质的消耗,而且水貂容易患脂溶性维生素缺乏症,以及引起体内不能转化合成的3种必需脂肪酸(亚麻油酸、次亚麻油酸、花生油酸)的缺乏等,造成繁殖力下降、死胎、缺乳、毛绒品质下降等。体脂贮存不足,则御寒力差,易导致死亡。

水貂日粮中脂肪含量过高,可使食欲减退,造成营养不良,生长迟缓,毛绒品质低劣。在繁殖季节,水貂体脂贮积过多,造成体况过肥,可导致公貂配种能力下降,母貂发情延迟,甚至不发情,已配种的空怀、流产或难产,产后缺奶等不良后果。脂肪过多还可引起代谢机能发生障碍。脂肪代谢发生障碍是引起尿湿症的主要原因之一。脂肪在体内不能完全氧化,则其酸性代谢物质随尿排出,这种情况下,尿呈酸性,能腐蚀尿道引起发炎。尿液可腐蚀毛皮,使毛皮质量下降。

饲料中的不饱和脂肪酸,可因长期贮存或受外界光、热、水、金属等物质的作用,发生氧化酸败。酸败的脂肪对维生素A、维生素D、维生素E和B族维生素有破坏作用。因此,喂脂肪酸败的饲料，可引起多种维生素缺乏症，严重影响水貂的生长发育和繁殖，甚至导致患脂肪组织炎等疾病。

三、糖

糖是由碳、氢、氧 3 种元素构成的有机化合物，是构成动物机体的重要组成部分。糖可以分为可溶性的无氮浸出物和粗纤维两大类。无氮浸出物包括单糖、双糖、多糖 3 种。单糖是构成各种糖的基本单位，如葡萄糖、果糖等；多糖是由若干相同的单糖缩合而成，如淀粉。或是由若干不同的单糖和糖的衍生物缩合而成的物质，如果胶。无氮浸出物在水貂消化道内均可转化为单糖而被吸收；粗纤维则不能被水貂消化吸收。

动物性饲料中含糖极低，植物性饲料糖的含量则很高，通常作为水貂机体的热量的主要来源。水貂对糖的消化率比蛋白质和脂肪的消化率低，而且缺乏消化纤维的能力，但是纤维可使食团松散。有刺激胃肠蠕动和分泌作用，从而有助于饲料的消化吸收。

糖对水貂有机体的功能有以下 3 种。

1. 供给能量

水貂体内各组织、器官的机能活动都需要消耗能量，能量的供给主要来自糖在体内氧化所释放的能量。1 g 糖在水貂体内完全氧化可产生 17.14 kcal 的热量。水貂的日粮中应含糖 10～20 g。如果糖供给不足，将增加蛋白质和脂肪的消耗，造成生长发育迟缓、体重减轻，同时也容易造成脂肪氧化不全，导致患尿湿症。

2. 是构成水貂组织的重要成分

糖是构成机体组织的原料，如五碳糖是核糖核酸的组成成分，而核糖核酸是细胞核不可缺少的成分。一些糖还可以与蛋白质结合生成糖蛋白、核蛋白等，也是组织的重要成分。糖在机体中可以转化为脂肪，贮存在体内；也可以肝糖原、肌糖原等形式存在于肝脏、肌肉等组织中，在需要时又可分解为葡萄糖，供貂机体之需要。

3.有辅助肝脏解毒功能

肝脏中贮存的肝糖原较多时，肝脏对细菌毒素及代谢产物的有毒物质的解毒作用尤为显著。当肝糖原的贮存量由于糖供应不足而下降时，肝的解毒功能显著降低。

四、维生素

维生素是维持水貂正常生命活动所必需的一类有机物质，不是构成水貂机体的主要成分，也不是供给能量的物质，但它们广泛地存在于各细胞组织中。除少数维生素可贮存于某些器官中外，大多数是构成辅酶的重要成分。维生素的主要营养功能是调节物质代谢和生理机能。水貂缺乏维生素时，可引起代谢失调、生长发育停滞、生理机能减退、繁殖力下降、毛绒品质低劣、抵抗力减弱和导致维生素缺乏症的发生。

多数维生素在水貂体内不能合成，或合成的量很少，尤其在笼养条件下，水貂所需要的维生素必须从饲料中索取。水貂的不同生物学时期，对维生素的需求量也不相同，母貂的妊娠期、哺乳期对维生素的需求量要高一些。

维生素已知的有20多种，按其溶解性质，可分为脂溶性和水溶性两大类。维生素A、维生素D、维生素E为脂溶性的，它们贮积于体内，供动物有机体较长久地利用；水溶性维生素有维生素C和B族维生素，它们不能在体内贮积，必须经常不断地从饲料中摄取。

1.脂溶性维生素

(1)维生素A。对机体的生长发育、繁殖及抗病力有重要作用，也是维持机体内一切上皮组织正常健全所必需的物质。维生素A供给不足时，种貂繁殖力降低，幼貂生长受阻，骨骼和牙齿发育不好，抵抗力降低，易患传染性疾病。

维生素A来源于动物性饲料中的肝、肾、乳、鱼肝油和脂肪等。植物性饲料中不含有维生素 A,只含有维生素 A 原(胡萝卜素)。水貂缺乏将维生素 A 原转化为维生素 A 的能力,因此,必须直接从饲料中摄取维生素 A。在繁殖季节应酌情增加供给。成年貂的肝脏比幼年貂的肝脏贮存维生素 A 的能力高 10 倍,能贮存够两个月用的维生素 A。因此,在幼貂生长期应供给较多的维生素 A,每千克体重日需 450～500 IU。

维生素 A 对热、酸、碱的反应较稳定,但易受光和氧的破坏。氧化酸败的脂肪、骨粉、酵母、苏打等,对维生素 A 有破坏作用。

(2)维生素 D。参与机体钙、磷的吸收和代谢过程,以维持体内钙、磷平衡。幼貂缺乏维生素 D 易导致佝偻症。维生素 D 性质较稳定,不易受热、酸、碱的破坏。维生素 D 在肝、鱼肝油、乳和蛋中含量很丰富。水貂每千克体重日需要量为 45～50 IU。

(3)维生素 E。有抗氧化作用,能防止不饱和脂肪酸氧化,是水貂正常繁殖所必需的。维生素 E 耐热、耐酸,但对光、氧、碱敏感。在新鲜脂肪、小麦芽、豆油、蛋黄、肝、牛马肉中含量较丰富。水貂每千克体重日需要量为 2～5 mg。

2.水溶性维生素

(1)维生素 B_1(硫胺素)。参与碳水化合物的代谢。如缺少维生素 B_1,水貂会出现拒食现象,有的还会出现典型的神经症状。维生素 B_1 能增强消化机能,提高食欲,促进生长发育,能防治多发性神经炎。

维生素 B_1 在酵母、肝、豆类中含量丰富,水貂每千克体重日需要量为 2～5 mg。

(2)维生素 B_2(核黄素)。是构成动物有机体各种组织的基本成分,有促进幼貂生长发育的功能。在水貂机体内,维生素 B_2 与磷酸核苷酸结合,构成许多酶的辅酶,参与体内物质代谢过程,是体内生物氧化必需的物质。体内任何新组织的形成均需维生素 B_2 参与;缺乏维生素 B_2 时,影响水貂体内组织的形成,造成生长停止。维生素 B_2 是构成黄素酶的辅基,缺少时黄素酶类的活性降低,生物氧化能力降低,使物质代谢发生障碍。维生素 B_2 缺乏时,常表现腿部僵硬,后肢瘫痪,食欲差、腹泻、口腔溃烂、皮肤炎等。

维生素 B_2。对酸极稳定,但被碱和光线所破坏,在植物性饲料中分布很广,肝、心、肾、酵母、乳、麦芽及糠麸中含量比较丰富。

(3)维生素 PP(也称尼克酸或烟酸)。是由色氨酸转化而成的。在体内与核苷酸结合组成辅酶Ⅰ和辅酶Ⅱ,是组织中极为重要的递氢体,参与组织的生物氧化过程。因此,维生素 PP 不足时,可使机体内一系列生化过程发生紊乱。维生素 PP 有维持消化道和皮肤机能正常的作用,能促进毛绒生长。缺乏维生素 PP,可引起癞皮病的发生,表现为皮肤红肿发炎,脱屑,继发感染后,皮肤糜烂,降低毛皮质量,严重时伴有食欲不振,消化不良,腹泻,消化道溃疡。

维生素 PP 不易被光、热、碱所破坏。在肉、肝、肾、酵母、谷物、胡萝卜、菠菜中含维生素 PP 较多。

(4)维生素 B_6。在体内以磷酸化合物的形式存在,是蛋白质代谢中氨基移换酶和氨基氧化酶的辅酶,并参与氨基酸的脱羧作用。维生素 B_6 与肝脏和造血机能有关,可防止贫血,并有促进生长、保护皮肤的功能。水貂体内缺乏维生素 B_6 时,蛋白质代谢发生障碍,红血球数量显著减少,血红蛋白含量降低,发生贫血,生长迟滞,皮肤发炎,毛被粗糙,痉挛,心肌变性。

维生素 B_6 对热、酸、碱较稳定,易被光所破坏。谷物、糠麸、麦芽、酵母、肝、心、肾中维生素 B_6 含量较丰富。

(5)叶酸。叶酸在水貂体内作为一种辅酶,有促进甲基移换的作用,并参与细胞核中核蛋白的合成和造血机能,有促进水貂生长和性腺发育的功能。缺乏叶酸时,生长迟缓、贫血、胃肠炎及黄肝等。叶酸在肝、肾、酵母、豆类、绿色植物中含量很丰富。

(6)维生素 B_{12}(钴胺素)。是含钴的维生素,能防止发生恶性贫血。它在核苷、核糖的代谢过程中，起着辅酶的作用。在氨基酸的合成、甲基移换过程中，维生素 B_{12} 起着很重要的作用，而在血红蛋白辅基部分的合成过程中，甲基是必不可缺少的。因此，维生素 B_{12} 的缺乏，使造血机能遭到破坏，血红蛋白浓度降低，发生恶性贫血；同时组织生物氧化过程发生障碍，水貂发生营养不良，生长停滞，身体抵抗力显著下降。

维生素 B_{12} 是粉红色针状结晶，易溶于水，在酸性环境下极为稳定，日光、碱、氧化剂和还原剂均能使其破坏。维生素 B_{12} 在肝、肾、鱼、乳及酵母中含量较多，在植物性饲料中较缺乏。

(7)维生素 C(抗坏血酸)。广泛存在于蔬菜和水果中。能维持牙齿、骨骼的正常功能，增强机体对疾病的抵抗力，促进伤口愈合。维生素 C 缺乏，易导致口腔、齿龈出血。母貂妊娠期缺乏时，初生仔貂易得红爪病。水貂日需量为 5～10 mg/只。维生素 C 有很强的还原性质，易被热、碱、日光、氧化剂所破坏，但在酸性环境中较为稳定。

五、矿物质

矿物质包括的范围很广，它们广泛地存在于动物性饲料和植物性饲料中。维持动物有机体正常营养所必需的矿物质有钠、钾、氯、钙、硫、磷、铁、镁，以及需要量及其微量的元素铜、锌、碘、钴、锰等。动物机体对矿物质的吸收，及矿物质的代谢过程是与水的吸收和代谢密切相关的，并能长期存留体内。矿物质虽然不是动物有机体的供能物质，但却具有重要的生理意义，是维持动物正常生命活动所必需的物质。没有矿物质，动物体就不能正常生活，甚至死亡。

1. 钾、钠、氯

主要以氯化物、重碳酸盐、磷酸盐的形式存在于水貂机体内，少部分与有机酸、蛋白质相结合，具有调节生理机能的作用；钾多以磷酸钾的形式存在于肌肉、红血球、肝脏及脑组织中。钾是细胞的组成成分，对肌肉组织的兴奋性及红血球的发生有特殊的生理功能。钾盐能促进新陈代谢，有助于消化。钾的缺乏引起幼貂生长发育受阻，成年貂食欲减退，心肌活动失调；母貂发情紊乱、不易受孕。钾盐广泛存在于动植物饲料中，在正常饲养条件下，水貂不容易发生缺钾症。

钠主要存在于细胞外液中，是血液、淋巴液、组织液中的主要成分。钠有维持体内酸碱平衡、细胞内液与细胞外液之间渗透压平衡以及调节水代谢的作用，对维持水貂机体内环境的稳定，从而保证各器官系统的正常生理机能有重要意义。钠对神经系统及肌肉组织的兴奋性有调节作用。水貂体内钠、钾含量的比例对细胞、组织的正常机能活动有重要影响。一般动物性饲料中含钠较多，植物性饲料中含钠较少。钠的不足可引起动物食欲下降，代谢过程紊乱。

氯大部分以氯化钠和盐酸的形式存在于血液及组织之中。氯化钠是产生胃酸的主要原料。日粮中缺乏食盐，可使胃酸分泌减少，影响胃的消化能力，食欲减退，发育迟缓，精神萎靡，体内水分减少，并可使繁殖力大大降低。如果食盐供应过量，可引起食盐中毒。正常情况下，每只水貂每天应供给食盐 0.5～0.7 g。

2.钙、磷

钙大部分以磷酸钙、碳酸钙、氯化钙等无机盐的形式存在。钙是骨骼主要成分，也是构成血液和淋巴的成分。一部分与蛋白质相结合存在。磷或以无机盐的形式存在，或以有机化合物的形式存在于蛋白质、磷脂、糖的成分内。绝大部分以磷酸钙形式沉积于骨骼中、牙齿中，一部分存在于血液中和细胞之中。水貂体内的灰分、钙和磷占 65%～70%。

钙和磷是机体所必需的元素，参与机体内重要的生理生化过程，是机体各种组织，尤其是骨骼、牙齿、血液等的主要成分，对妊娠、泌乳母貂和生长中的幼貂尤为重要。钙能使神经系统的兴奋性降低，血钙水平如果过低时，可引起神经系统过度兴奋、肌肉发生痉挛，因而对维持神经与肌肉的正常生理活动有重要意义。此外，钙也参与血液凝固过程，凝血酶原只有在钙离子的参与下才能转化为凝血酶，使血中纤维蛋白原变为纤维蛋白，发生血液凝固；钙也参与胃中凝乳酶的凝乳作用。磷是保证机体内中间代谢正常进行所必需的物质，也是组成酶的一部分，对血液的酸碱平衡起着调节作用。

饲料中的钙和磷主要在小肠上段被吸收。钙、磷的吸收受到它们之间的比例影响。如果钙过多，使饲料中更多的磷酸根与钙结合而沉淀，就降低了钙、磷的吸收率。但在饲料中含有维生素D的情况下，水貂也可以把比例不当的钙、磷吸收，因为维生素D能降低肠道中pH值，使之呈酸性反应，以利于钙的吸收。脂肪在饲料中过高，也妨碍钙的吸收，因为钙与脂发生作用形成难以吸收的钙肥皂，随粪便排出体外。钙、磷通常以2∶1或1∶1的比例供给水貂体内利用，如果比例失调则影响水貂机体对钙、磷的利用。维生素D可促进钙、磷在骨骼中的沉积。

日粮中长期钙、磷供给不足或缺乏维生素D，可引起幼貂生长发育停滞，发生佝偻病；成年貂缺乏钙、磷或维生素D可发生骨质松软、骨纤维化及软骨病。在繁殖季节，钙、磷不足易造成胚胎吸收、仔貂生命力弱，母貂产后缺乳、瘫痪，消化机能障碍和性机能减退等。钙、磷比例过度失调，可引起毛绒粗糙、脆弱、无光泽及食欲减退等。

水貂饲料中，以骨粉、骨灰、鲜骨、鱼粉及油饼中含钙、磷最丰富。通常每只水貂日需钙、磷0.5～2 g。

3.铁

铁在动物机体内以有机物的形式，即血红蛋白、肌红蛋白、氧化酶等存在，也有以无机盐形式贮备的。铁主要存在血液、肝、脾、骨骼等组织中。动物体内约70%的铁是在血液中，铁是血红蛋白的组成成分。肌肉中，铁与蛋白质结合形成肌红蛋白。一般情况下，水貂不会发生缺铁现象。饲料中如果长期缺铁，则发生贫血症；母貂奶中缺铁，可引起幼貂贫血症。水貂饲料中，肝、血、肺、豆饼、蔬菜等饲料含铁很丰富。如果日粮中经常适量搭配鲜血，可以防止缺铁，并可提高毛皮质量。

4.硫

硫主要存在于蛋白质中，它是构成某些氨基酸(胱氨酸、蛋氨酸)的重要组成成分。又是调节代谢的物质，如胰岛素、硫胺素都含有硫，对调节水貂有机体的物质代谢有一定意义。水貂毛绒与皮肤中也含有大量胱氨酸，因此硫对促进毛绒的生长和脱换有重要作用。通常也不会缺硫，但若日粮中含硫蛋白质长期供给不足，可使毛绒品质下降，在毛绒生长期尤其应注意硫的供应。

5.镁

镁在动物体内分布很广，但含量不多，动物机体内约70%的镁以磷酸镁的形式存在于牙齿及骨骼中。镁有助于骨骼形成，它与钙、磷代谢有密切关系。摄取过多时影响钙、磷的结合，妨碍机体的沉钙作用。镁参与糖代谢，是糖中间代谢的必需促化剂。在正常的饲养条件下，水貂极少产生镁缺乏症。水貂缺镁时，生长停滞，神经失常、发生痉挛、易患皮肤病。

6.铜

铜是一系列氧化酶的组成成分，因此与组织呼吸密切相关。铜也是合成血红蛋白的催化剂，能促进铁和蛋白质的结合而形成血红蛋白。铜是构成水貂机体组织必要成分，多存在于肝、心、骨骼、皮肤和体液。水貂机体缺铜时，使铁的正常代谢受到影响，发生营养性贫血。还可使毛绒品质下降、生长停滞、食欲下降、体重减轻等。

7.钴

钴在动物有机体中，几乎全身都有，肝、肾、脾含量较多。钴是维生素 B_{12} 的组成成分，在体内钴以维生素 B_{12} 的形式存在，是血红蛋白和红血球在生成过程中不可缺少的元素，对骨骼的造血机能有直接作用。缺钴时，水貂厌食、营养不良、发育迟缓、恶性贫血、性机能失调而造成母貂流产等。肝是贮存钴的场所，鱼和谷物性饲料都含有钴。

8.碘

碘是构成甲状腺激素的重要组成部分，碘通过甲状腺激素，有调节水貂机体新陈代谢、生长发育、毛绒脱换、性机能的作用。缺乏时，水貂代谢机能减弱，生长发育受阻，抗病能力降低，死亡率升高，繁殖率下降及毛绒脱落等。饲料中以鱼粉、海鱼、海带、蔬菜中含碘最多，一般不会发生缺碘现象。

9.锌

锌遍布动物机体各组织器官中，是构成碳酸酐酶的主要成分。该酶的作用主要是促进碳酸的合成与分解，是组织呼吸的必要因素。碳酸盐的沉积也与此酶有关。因而，锌也影响到骨骼的形成。锌与性腺、胰腺、垂体的活动密切相关。锌的缺乏可引起食欲不振、生长迟缓、无生殖能力及皮肤发炎等。

10.锰

锰是动物有机体内许多酶的激活剂。对动物生长发育、钙磷沉积和成骨作用有直接影响。缺钴时，可造成骨化障碍、骨骼变形、生长缓慢，成年水貂可导致性机能减退。日粮中补充锰盐，可明显促进仔貂生长和骨骼的形成。

六、水分

水分是构成动物有机体的重要组成部分，也是水貂生命活动不可缺少的物质。正常成年水貂，水的含量约为体重的 65%，其中约 40%存在于细胞中，20%存在于组织间隙中，5%存在于血液中;胎儿和幼貂含水量更高。

水是维持细胞形态和机能的主要成分,是动物有机体生理生化反应的良好媒介和溶剂,并参与体内物质代谢的水解、氧化、还原等生化过程;水还参与体温调节,对维持体温恒定起着重要作用。体内营养物质及代谢产物的输送和排出,主要是通过溶于血液中的水,借助血液循环来完成。因此,水对保证动物有机体正常生理机能有重要意义。体内水分减少到一定程度,各器官系统的生理机能就会发生障碍,严重时可导致死亡。

水貂可从饮水和饲料中获得水分,也可从体内物质代谢中得到一部分水分。饮水和饲料中的水分是主要来源。水分不足可引起水貂食欲减退、流产、空怀。泌乳期母貂缺水,可造成缺乳、出现咬伤仔貂,甚至咬死、吃掉仔貂的现象。炎热的季节,缺水容易造成水貂中暑。

水貂所需营养素、维生素和矿物质很多,而各种饲料因含营养物质和矿物质等不相同,所以饲养水貂的饲料不能单一,必须多样化,就是通常所讲的配合饲料。如果饲料单一,就不能满足水貂体内生理代谢所需要的多种营养成分,就会影响水貂的体况、繁殖力和毛皮质量。采用多种饲料配合可以产生不同程度的良好效果:①水貂可从饲料中得到身体所需要的多种营养成分,以满足身体各种生理代谢的需要。②不同饲料中所含营养物质不同,采用多种饲料搭配,不同饲料中的营养成分可以互补其不足部分,提高饲料的营养价值,提高对饲料中营养物质的利用率,降低饲养成本,提高养貂的经济效益。

第二节 饲料的种类及其开发利用

水貂是以动物性饲料为主的动物,单纯地喂畜禽肉饲养成本比较高,养貂没有效益。开展养貂工作的本身就是利用屠宰厂的下脚料、江河湖海边的小杂鱼、孵化厂的无精蛋、毛蛋、缫丝厂的蚕蛹等作动物性饲料，把价格低廉的副产品转换成价格昂贵的裘皮，提高经济效益。

水貂的饲料种类繁多，可以分为动物性饲料、植物性饲料和添加剂饲料3大类。每一大类里面又可以细分小的种类。动物性饲料是供给水貂蛋白质和脂肪的主要原料，植物性饲料中的谷物类饲料，是供给水貂碳水化合物的主要原料，果蔬类是供给水貂维生素和无机盐的主要原料，补充饲料是供给水貂维生素、矿物质的原料。

动物性饲料应占水貂饲料总量的60%～70%，养貂首先要考虑动物性饲料的来源。动物性饲料的开发利用，也都创造很多方法。例如，养鸡孵化厂比较多的地方，有的人开展养貂生产，孵化鸡出现的无精蛋、毛蛋都可以作为貂的廉价饲料。在养羊比较集中的地方，特别是取羔皮的地方，人们也建立了养貂场，利用流产的羊羔肉、产后死亡的羊羔肉及取皮的羊羔肉作水貂的动物性饲料。在大型畜禽屠宰厂内附设养貂场，利用畜禽屠宰时的下脚料作为貂的动物性饲料，饲料来源充足，价格低廉。生物制药厂附近可以设养貂场，利用制药留下的肝渣、心渣和其他部位的渣作水貂的动物性饲料，也不减其营养成分。养蚕比较集中的地方，利用蚕蛹，其蛋白质、脂肪含量均高，也是养貂比较好的饲料。沿海省份水貂饲养量比较大，貂皮品质好，主要是利用海边价格比较低廉的海杂鱼。

总的来讲，动物性饲料种类繁多，开发利用动物性饲料的潜力很大，只要肯动脑筋，就能够收到良好的效果。下面系统地把饲料情况作一介绍。

一、动物性饲料

动物性饲料包括肉类、畜禽副产品、鱼类、奶类、蛋类。

1.肉类饲料

肉类饲料是水貂的全价蛋白质饲料，它含有水貂机体需要的全部必需氨基酸，同时，还含有脂肪、维生素和无机盐等营养成分。

肉的种类很多，来源比较广泛，所有的动物肉，只要新鲜、来自无病的动物，均可以作为水貂的饲料。肉类因动物的种类和动物的年龄、体况的不同而营养价值也不同。例如，幼龄动物的肉含水分量大，肉嫩，容易消化，但营养物质相应的较成年动物的肉要少；老年动物的肉，结缔组织较多，消化率低。

肉中的蛋白质含量占17%～21%，个别动物的肉蛋白质含量超过21%，如兔肉的蛋白质含量可以达到22.7%，鹧鸪肉的蛋白质含量可以达到24.81%。肉的生物效价较高，其他营养物质也很丰富。新鲜健康动物肉可以生喂，水貂其消化率可以达到92%左右。失鲜的、来源不清的、可疑的动物肉应煮熟再喂，以防疾病发生。水貂对熟肉的消化率比鲜肉低，只有80%左右，适口性也很差，同时，肉在熟制过程中重量也有损耗，所以喂熟肉时应比喂生肉时的量要增加5%～8%。但熟肉所占的比例不宜过高，否则会影响食欲并易引起拉稀。变质的肉熟制时仅能杀死病原微生物，但不能清除病原微生物所产生的毒素，所以凡是因传染病急宰的动物的肉不能喂貂。痘猪肉经过高温高压处理后可以喂水貂，水貂日粮中有15%～20%熟痘猪肉时，要搭配一定比例的低脂肪的小杂鱼、兔头及兔骨架、鱼粉等，同时增加维生素E的用量，可获得较好的生产效果。

含脂肪高的肉类，应剔除脂肪或高温脱脂后方能使用。因为饲料中脂肪含量高时，能降低水貂的食欲，影响水貂的繁殖率。

在水貂繁殖期，严禁利用己烯雌酚（雌激素）处理过的畜禽肉，否则，这种雌激素将造成母貂生殖机能紊乱，使受胎率和产仔数明显降低，严重时虽全群受配，但不孕。

2.畜禽副产品饲料

畜禽副产品包括畜禽头、蹄、爪、翅、尾、内脏以及骨架等。各部位的蛋白质含量和其他营养物质含量各不相同,如心、肝、肾、脑等的营养价值高,而肠、胃、肺、骨架蛋白质含量偏低且营养不全价。因此,使用畜禽副产品时,应多品种搭配,使其达到氨基酸互补的作用,提高营养价值。畜禽副产品来源广,价格低廉,可以用来作水貂饲料,降低饲养成本。

(1)肝。肝含有丰富的营养物质,蛋白质含量19.4%,脂肪含量5.0%,且含有各种维生素及铁、铜等微量元素。肝脏作饲料,对水貂的生长发育和水貂的繁殖有良好的作用,是水貂优质全价的动物性饲料。在水貂的繁殖期,应在饲料中加鲜肝5%~10%。肝脏作饲料有轻泻作用,喂量过多会引起稀便。鲜肝脏应生喂。老家畜、老家禽的肝常有寄生虫,用时要检查,有病变的肝脏不能作水貂的饲料。

(2)心和肾。畜禽心和肾含有丰富的蛋白质和维生素 B_1、维生素 B_2、尼克酸、泛酸及维生素 C,肾中还含有维生素 A,是水貂优质全价饲料。在水貂繁殖期可在饲料加喂心和肾。健康动物的心和肾可以生喂,营养价值和消化率均高。

(3)脑。脑中含有大量脑磷脂和必需氨基酸,营养丰富,消化率高,对生殖器官的发育有促进作用,通常作为水貂繁殖期的饲料。在准备配种后期和配种期,每只水貂每天供给3~5 g脑,对促进公貂性器官发育、精子生成和增强性欲有良好的作用,对公貂和母貂毛绒生长也有很好的作用。

(4)胃和肠。胃和肠价格低、来源广泛,但营养价值低,蛋白质不全价,消化率约为85%,粗蛋白含量14%,脂肪含量1.5%~2%,维生素和矿物质含量低。一般用量可占动物性饲料的20%~40%。胃、肠生喂虽然有较强的适口性,但是往往病变部位,带有病原微生物和寄生虫,生喂怕引起水貂发病。所以,胃肠喂貂时都采取煮熟后绞碎掺入饲料中的办法。猪肠周围脂肪较多,如采用猪肠喂貂,可以先除去脂肪后喂貂。

(5)肺。肺营养价值不高、蛋白质不全价,并含有较多的结缔组织,消化率仅有82%。牛肺蛋白质含量7.3%、脂肪含量1.4%,还含有少量维生素和铁。肺对胃有刺激作用,喂量大能引起呕吐。使用肺喂貂时,用量应占动物性饲料的10%~20%,要除去气管两侧的甲状腺,熟制后使用,以免影响水貂的繁殖。同时,使用肺作水貂饲料时,要注意加强检疫,发现寄生虫和肺结核的不要用。

(6)血。血蛋白质含量16%~17%,脂肪含量0.5%,另外还含有矿物质和维生素。血蛋白质全价、营养丰富、易消化。血液蛋白质含有较多的含硫氨基酸,在水貂换毛季节,适当增加血的用量,对水貂毛皮质有增强作用,即换毛较快,毛的光泽较好。水貂日粮中血液应占动物性饲料的10%~15%。但是,血中无机盐有轻泻作用,喂量过高可引起腹泻。使用血液的方法不同消化率也不相同,一般简单的制成血豆腐或经过晒干粉碎加工成血粉的方法喂貂消化率低。可以将血液加一部分麸皮,加发酵的菌种发酵后制成的血粉喂貂,可提高消化率。

(7)兔头兔骨架。兔头、兔骨架是屠宰厂的副产品,数量多、价格低、营养价值也比较高。兔头、兔骨架蛋白质含量15%,脂肪含量4.4%,另外还含有丰富的钙和磷,且钙、磷的比例适当,是一种很好的动物性饲料。新鲜的、品质优良的兔头、兔骨架可以生喂;新鲜的、来源不清楚的可以煮熟后使用。在水貂繁殖期,兔头、兔骨架的用量可占动物性饲料的10%~15%,不宜用量过高。幼貂生长期,兔头、兔骨架用量可占动物性饲料的40%左右。

(8)鸡、鸭下杂。在冬毛形成期和育成期里,可大量利用禽类下杂喂貂。在拥有大量禽类下杂的养貂场,禽类下杂占日粮70%,(内脏20%、头30%、脚20%)、肝脏10%、谷物20%的日粮搭配，在生产上还能适用。鸡爪和鸡骨架不易消化，以占动物性饲料的10%左右为宜。

3.鱼类饲料

鱼类饲料是水貂动物性蛋白质的主要来源之一。我国沿海地区及内陆的江河、湖泊和水库，每年出产大量的小杂鱼，除了少量有毒的鱼外都可以用来养貂。鱼的种类很多，鱼的营养成分依其种类、年龄、捕获季节及产地等条件有很大差异。一般鲜鱼中，蛋白质的含量占15%～20%，脂肪为0.7%～13%。新鲜海鱼含有较多的脂溶性维生素（维生素A、维生素E），但利用长期保存的鱼类时，必须考虑在日粮中补加脂溶性维生素。

鱼肉中的蛋白质有肌蛋白、肌球蛋白和溶性肌蛋白纤维3种，其中肌球蛋白容易变性，甚至贮存在－4～－2℃时也发生大量的变质，达到－20℃时较为稳定。鱼类还含有大量的不饱和脂肪酸，在运输、贮存和加工过程中，容易氧化酸败，所以要注意保鲜，尽量减少保存时间。因此，鲜鱼捕捞后应马上放在－5～0℃条件下，然后于－20℃冷库中急冻，再放在－18℃左右条件下贮存。

有些鱼类的肌肉中含有硫胺素酶，对饲料中的硫胺素具有破坏作用。含有硫胺素的鱼类有：鲤鱼、胡爪鱼、狗鱼、金鱼、海鲱、弹涂鱼、虾虎鱼、山鲶鱼等，尤以鲤鱼科的鱼类为多。这些鱼在生喂情况下，可引起维生素 B_1 缺乏症。据资料介绍，450 g生鲤鱼可破坏25万IU的硫胺素，相当于10 kg干酵母中维生素 B_1 的含量；每克鲤鱼肉可破坏42.1 μg的维生素 B_1。生喂淡水鱼养貂时，初期无异常反应，但半个月后出现食欲减退，引起消化机能紊乱，多数死于胃肠炎或胃溃疡等疾病，这与维生素 B_1 缺乏有关。经高温处理可破坏硫胺素酶的活性，因此，采用淡水鱼养貂时应熟喂，如果不煮熟，可在饲料中增加酵母或维生素 B_1 的用量，对破坏了的维生素 B_1 给予弥补。但是，新鲜的海杂鱼最好生喂，生喂可提高适口性和消化率（蛋白质消化率达87%～90%）。

葫芦籽鱼、黄鲫鱼、青鳞鱼等含脂肪高，而且有特殊的苦味，尤其是干鱼，如果用量过多，水貂拒食。喂饲鳕鱼类时间过长，数量过多，会因缺铁而引起贫血，毛绒呈棉絮状。新鲜的明太鱼会引起水貂呕吐，但经过冷冻 1 周后再喂，就不会发生此种现象。像泥鳅鱼等无鳞鱼，体表有较多的黏液蛋白，这些鱼可先用 2.5％的食盐搅拌，然后用清水洗净，或用热水浸烫，除去黏液之后饲喂，能明显提高适口性。

不新鲜的鲐巴鱼、竹荚鱼等含有大量组织胺，容易引起水貂中毒。组织胺是蛋白质分解的产物，在脱羧酶作用较强的细菌作用下，由组胺酸脱去羧基而产生组织胺，当组织胺蓄积到一定量时，便有中毒的危险。即使在新鲜的鱼肉中，每 100 g 中也含有约 160 mg 的组织胺，所以以鱼类作为水貂的饲料时，要注意鱼的新鲜程度。

在海杂鱼中，常遇到河豚和马面豚等有毒鱼。据分析，河豚有河豚精、河豚酸、河豚卵巢毒素、河豚肝脏毒素 4 种毒素，主要分布在卵巢、睾丸、肝脏、眼球、血液及神经系统中，尤其是 1～5 月份(产卵期)，鱼卵和卵巢中含毒量最多。这些毒素，耐高温(100％经 6 h 仅能破坏一半，在 115℃经 9 h 才能完全失去毒性)，耐酸，但易被碱分解。河豚的毒性很强，0.000 17 g 河豚毒素能在 30 min 内麻醉神经纤维，河豚卵巢毒素的毒力是河豚酸的 2 倍。如用马面豚作饲料，应将鱼皮去净。

淡水鱼类常有寄生虫，或是某些寄生虫的中间宿主，生喂可以感染疾病造成死亡。

4. 奶类、蛋类饲料

奶类、蛋类饲料是营养极丰富的全价饲料，是饲养水貂的动物性饲料之一，在水貂妊娠期、产仔哺乳期，作滋补饲料适量添加。

(1)奶类饲料。奶类饲料包括牛奶、羊奶、酸奶、脱脂奶及奶粉等。新鲜牛奶蛋白质含量 3.5％，脂肪 3.4％，丰富的矿物质和多种维生素及乳糖。蛋白质中含有全部必需氨基酸,营养价值高。其中酪蛋白最多,还有白蛋白和球蛋白;脂肪溶点低、颗粒小,容易消化吸收,其中还含有必需的脂肪酸和磷脂类。奶的消化率可达到95%以上。饲料中加入奶品,可提高饲料的消化率和增加适口性。在水貂繁殖季节,适量加入奶品,对促进胎儿发育、母貂泌乳及幼貂的生长发育均有良好的作用。

奶营养丰富,是细菌繁殖的良好场所,很容易酸败,而且传染病菌,如结核菌和布氏杆菌等都可能通过牛奶传染,因此鲜牛奶、羊奶应经过瞬间煮沸消毒后再使用。

脱脂奶含脂率极低,含维生素A、维生素D也少,但营养仍全价,完全可以代替鲜奶喂貂。如果有廉价的脱脂奶供应,可以替代水来调制饲料或与谷物粉混合制成窝窝头喂貂。

有的农户喂有奶山羊,每天挤的羊奶制成奶豆腐拌入饲料喂貂,能保证貂的营养,在生产上取得了满意的效果。这是农户养貂解决动物性饲料的有效途径。

(2)蛋类饲料。蛋类包括家禽蛋、野禽蛋以及无精蛋和毛蛋。各种禽类的蛋在营养成分的组成上大致相同,仅是含量略有差异。蛋的蛋白质所含氨基酸的组成比例适中,故利用率极高,生物效价达99%以上,是已知最优良的蛋白质。蛋清含水分比蛋黄高,蛋黄中蛋白质含量较蛋清高,蛋黄中还含有中性脂肪和磷类;蛋中还含有维生素A、维生素D、维生素E和维生素B_1,几乎全在蛋黄内。水貂对蛋的消化率极高,若日粮中加入蛋类,可提高饲料的适口性和蛋白质的消化率。

蛋黄对水貂性器官的发育、精子和卵子的形成以及乳汁分泌都具有良好的促进作用,蛋壳可作为矿物质的补充来源。蛋清中含有卵白素和抗胰蛋白酶,能破坏B族维生素,也影响对蛋白质的消化,长期使用生蛋喂貂,会使水貂发生皮肤炎、毛绒脱落等症状。所以饲料中加入蛋时,一定要熟制,以消除这些物质的不良影响。

无精蛋、毛蛋都是孵化厂的副产品，可以用来养貂，但必须及时蒸煮消毒，保证质量新鲜，腐败变质的不能利用。

5. 干饲料

包括动物性干饲料和干配合饲料两种。

(1)动物性干饲料。常用的有鱼粉、干鱼、肝渣粉、血粉、蚕蛹干和羽毛粉。

①鱼粉。含蛋白质40%～60%，盐2.5%～4%。用新鲜的优质鱼粉喂貂，在日粮中占动物性蛋白质的20%～25%时，幼貂采食、消化及生长发育均较正常。在非繁殖期的日粮中，鱼粉可占动物性蛋白质的40%～45%，其余由熟痘猪肉、牛羊内脏、鱼类等饲料搭配。鱼粉含盐量高，使用前必须用清水彻底浸泡，浸泡期间换水2～3次。

②干鱼。用干鱼养貂，关键在于干鱼的质量。优质干鱼可占日粮中动物性饲料的70%～75%，但不能完全用干鱼代替。因为鲜鱼在晒制过程中，某些必需氨基酸、必需脂肪酸和维生素遭到破坏。所以，在水貂繁殖期使用干鱼，必须搭配全价蛋白质饲料(鲜肉、蛋或奶、猪肝等)，搭配量应不低于日粮中动物性饲料的25%～30%。在幼貂育成期和冬毛生长期饲喂干鱼，必须搭配新鲜的熟痘猪肉或添加植物油，以弥补干鱼脂肪的不足。

③血粉。质量好的血粉可用作水貂饲料。在幼貂育成期和冬毛生长期，日粮中血粉占动物性饲料的20%～25%，并与海杂鱼、肉类副产品或兔头、兔骨架搭配，对水貂的生长发育、毛皮质量都无不良影响；但当其含量提高到30%～40%时，会发生消化不良。饲喂血粉时喂量应逐渐增多，并经过煮沸处理后方可使用。

④肝渣粉。是肝脏提取药物后的残渣，含有较丰富的蛋白质。干的牛、羊肝渣，蛋白质含量达66.15%，脂肪含量14.69%，维生素含量很低，且适口性较差。繁殖期可占动物性饲料的8%～

10%,幼貂育成期和冬毛生长期可占 20%～25%。如喂量过多,易发生腹泻。使用前先用水浸泡(夏季 5～6 h,冬季 12～15 h),然后再煮沸处理,与海杂鱼、肉类副产品等搭配。

⑤蚕蛹干或蚕蛹粉。蚕蛹含有丰富的蛋白质和脂肪,营养价值很高,但同时也含有水貂不能消化的甲壳质,又缺乏无机盐和维生素,所以用量不宜过多。在繁殖期可占日粮中动物性饲料的 20%,育成期和冬毛生长期占 20%～40%。使用前要彻底浸泡,除掉残存的碱类,经过蒸煮加工,然后与鱼、肉类饲料一起通过搅拌机粉碎,或先把蚕蛹粉碎后掺在谷物饲料中蒸熟。用蚕蛹喂貂应增加含维生素的青绿蔬菜,如能增加乳类和酵母,效果则更好。

⑥羽毛粉。是经高温和酸化处理后制成的。羽毛粉含有丰富的蛋白质,特别是富含硫氨基酸,对水貂的生长有良好作用。但羽毛粉含有大量的角质蛋白,不易消化吸收,通常是混入谷物饲料中熟制。冬毛脱换前,于 8～9 月开始在日粮中加喂 2～3 g 羽毛粉,连续喂 3 个月,不仅对冬毛生长有利,同时可预防自咬和食毛症的发生。

(2)干配合饲料。所谓配合饲料,是根据水貂各生物学时期的营养需要,用多种干饲料按一定比例混合加工而成的,营养成分均衡,生物学价值较高的一类饲料。这种饲料中各种营养成分齐全,比例合适,使用后能提高饲料利用率,降低饲料消耗。干配合饲料含水量低(在 12%以下),便于运输和贮存,使用起来比较方便。

二、植物性饲料

植物性饲料包括谷物类饲料和果蔬类饲料,前者是碳水化合物的主要来源,后者是矿物质和维生素的主要来源,都是水貂日粮的组成成分,在养貂场不可缺少。

1. 谷物类饲料

谷物类饲料中含有丰富的碳水化合物,也含有蛋白质、脂肪和某些维生素，是水貂日粮的组成成分。谷物性饲料在水貂日粮中所产生的热量应占总热量的1/4左右。常用的谷物性饲料有玉米、高粱、小麦、豆类、麦麸、米糠等。谷物类饲料的饲养方法是磨碎熟制后加入日粮中，这样可以提高谷物性饲料的消化率。因为谷物性饲料经粉碎和熟制可以破坏其细胞壁，从而有助于消化酶与营养物质直接发生作用。例如，玉米粉生喂的消化率为54%，而熟制后喂貂的消化率可以达到80%～83%。

豆类的蛋白质含量很高，一般在20%～40%，脂肪含量为1%，大豆比较特殊，脂肪含量为18%。豆类所含维生素B_1、维生素B_2的量也比其他谷物性饲料高。豆类虽然蛋白质含量较高，但是蛋白质不全价，仅可作为水貂所需蛋白质的一部分。不经粉碎的豆类不易被消化吸收，而且大量饲喂豆类，还能引起便秘和胀肚，因此应将豆面或豆饼面与其他谷物类的面粉一起蒸成窝窝头，效果更好。一般豆类饲料应占谷物类饲料总量的20%～30%。

麦麸及米糠含有大量纤维素，营养价值低，水貂对这2种饲料消化吸收率只有49%。适量使用能使食团疏松，促进肠的蠕动，有助于对饲料的消化。而且麦麸中含有维生素B_1和较多的磷，米糠中含维生素比较丰富，可作为维生素B_1、维生素C和磷的部分来源。大量使用麦麸、米糠，会降低日粮的营养价值和消化率，引起腹泻和消化机能失调。一般用量占谷物性饲料总量的10%～15%。

红薯、土豆应属果蔬饲料，因含有大量的淀粉，故熟制后可用来代替部分谷物类饲料，作为水貂碳水化合物主要来源。但发芽的土豆含有大量龙葵素，能引起水貂中毒，发芽的土豆不能喂貂。

2.植物饼粕类饲料

大豆饼、亚麻饼、向日葵饼和花生饼含有丰富的蛋白质，但水貂对植物性蛋白消化率低，因此在水貂日粮中利用不多。饼粕应蒸煮后熟喂，生喂不易消化。饲喂量不宜超过谷物饲料的20%，否则会引起消化不良和下痢。

3.果蔬类饲料

果蔬类饲料包括根茎类、绿叶类、瓜类和果类的蔬菜和水果。水貂日粮中常用的有大白菜、小白菜、油菜、菠菜、球甘蓝、萝卜、胡萝卜、西葫芦、南瓜、水果、嫩苜蓿及野菜。

果蔬类虽然蛋白质含量较低，仅有1%～3%，氨基酸的组成比例也比动物性蛋白质差；脂肪含量也少，但含矿物质和维生素比较丰富，是水貂所需矿物质和维生素的来源。果蔬饲料都含有大量水分，又呈碱性反应，可调节饲料容积和酸碱度。一般果蔬饲料占日粮总量的3%～7%，在使用发热量高的饲料时，用量可以加大。

果蔬饲料要新鲜，使用时洗净绞成汁液拌入饲料中。腐烂和发芽的果蔬都不能喂貂。有些蔬菜有较重的青涩味，适口性差，应以开水略加浸烫，除去青涩味后使用。某些绿叶类蔬菜，如菠菜和苋菜草酸含量较高，能降低钙的吸收率，过多的草酸盐影响骨质钙化，也是产生尿结石的一个原因，所以应少用或不用。

三、添加剂饲料

常用的添加剂饲料有维生素、矿物质、抗生素和抗氧化剂。

1.维生素饲料

常用的维生素饲料有鱼肝油、麦芽、酵母和各种维生素制剂。

①鱼肝油。鱼肝油含有维生素A、维生素D，其含量随着加工的不同而有很大差别。市售的清鱼肝油每毫升含维生素A 1 500～5 000 IU、维生素D 150～500 IU；浓缩鱼肝油维生素A、维生素D含量更高，它们都是水貂维生素A、维生素D的主要来源。使用鱼肝油时，可滴入食盆中或混入饲料中拌匀，浓缩鱼肝油丸需用植物油低温稀释后使用。水貂维生素A日用量为每千克体重450～500 IU，维生素D日用量每千克体重45～50 IU。繁殖

季节应酌情增加。常年以动物肝或新鲜小杂鱼作动物性饲料的地方,可以减少鱼肝油的用量。

鱼肝油保存不当会发生变质,维生素会氧化破坏。所以,鱼肝油应置于阴凉干燥处、密封保存,而且不能使用金属容器贮存。变质的鱼肝油不能使用。

②麦芽。麦芽中维生素 E 含量丰富,每 100 g 麦芽含维生素 E 25～30 mg。可以作为维生素 E 的主要来源,每只水貂每天补充 10～20 g 麦芽可以满足水貂对维生素 E 的需要。在水貂繁殖季节或使用含不饱和脂肪酸较多的鱼类作饲料时,应适当增加用量。

小麦芽的生法是,将淘洗干净的小麦放入有少许食盐清水中浸泡 10～15 h,捞出后平铺于木盘内,厚 1 cm,盖上纱布,放在 15～20℃的温度下避光处。每天洒水 2 次,保持清洁和麦芽湿润。经过 3～4 d 即生出淡黄绿色的麦芽。当麦芽长到 1 cm 左右即可喂饲。如果麦芽过长或变绿,则失去维生素 E 而变成维生素 C。禁止喂根部霉烂或生出网状白色霉菌的麦芽。

③酵母。酵母是 B 族维生素的主要来源,同时还起有助于消化的作用。此外,酵母还含有丰富的蛋白质,蛋白质中的氨基酸组成接近牛奶和肉。酵母 B 族维生素含量因其种类、培养方法、酵母菌的菌种不同和加工方法不同而有差异。常用的酵母有面包酵母、啤酒酵母、饲料酵母及药用酵母等。除药用酵母外,使用时均应加热处理,杀死酵母菌,以防止饲料发酵。B 族维生素遇碱能被破坏,所以酵母应和碱性饲料(如骨粉等)分开使用。酵母的用量一般每只水貂每天 2～5 g,根据不同季节、不同地区的情况酌情加减。

④维生素制剂。目前工业生产有各种维生素纯粉或配成的维生素添加剂,可以按照说明书的用量往饲料中添加。现已见到的有维生素 A 添加剂、维生素 D 添加剂、维生素 E 添加剂、复合维生

素B添加剂等，可以根据需要添加，如果直接添加维生素制剂，可以少加蔬菜和不加蔬菜。

2.矿物质饲料

矿物质饲料是为了补充饲料中缺乏或不足的矿物质。常用矿物质饲料有骨粉、贝壳粉、食盐等。

(1)骨粉。骨粉是动物骨头提取骨胶以后粉碎制成的，它是水貂补充钙和磷的饲料。饲料中如含有新鲜碎骨、全鱼、鱼粉、兔头、兔骨架，可以不必补充骨粉。但是以肉、畜禽内脏等为主要饲料的日粮中，必须添加骨粉。骨粉中钙和磷比例接近水貂的需要，每只每天用量1～3 g。

(2)贝壳粉。是由河蚌和其他贝类的壳粉碎而成的。现在有推广蜗牛饲养，加工蜗牛的副产品——蜗牛壳，可以加工贝壳粉。贝壳粉也作为钙、磷的补充饲料，钙和磷的比例没有骨粉恰当，所以在水貂生产上使用较少，而在养鸡生产上应用较多。

(3)食盐。食盐是水貂钠和氯的主要来源。食盐对血液循环、排泄、渗透压的平衡起决定作用，并且促进唾液分泌，增强食欲，帮助消化。食盐需要常年供给，每只水貂每天用量为0.5～0.7 g，过量则引起食盐中毒。内陆的一些地区天然食盐缺碘，应使用加碘盐，防止碘的供给不足。

3.抗生素

在水貂饲养上常用的抗生素有粗制土霉素和四环素等。抗生素对水貂没有直接的营养作用，但对抑制有害微生物和防止饲料腐败具有重要意义。目前使用的饲用粗制土霉素(每千克含纯土霉素35～38 g)，主要在饲料不新鲜时投给，特别是夏季，能预防胃肠炎，提高饲料利用率，并促进幼貂的生长发育。在水貂妊娠、哺乳和幼貂生长期，如果饲料新鲜程度较差，可加入土霉素或四环素。成年貂每天每只0.3～0.5 g，最高不超过1 g(相当于纯土霉素10～20 mg)；断乳幼貂0.2～0.3 g(相当于纯土霉素9～

10 mg)。注意不应长期饲喂抗生素饲料，因为长期使用能使水貂产生抗药性。

4.抗氧化剂

目前所使用的抗氧化剂主要以维生素 E 为主，用以防止维生素和不饱和脂肪酸氧化变质。痘猪肉、马肉、禽肉、鱼类等脂肪中含不饱和脂肪酸较多，在空气中很容易氧化变质。因此，在气温较高的 6～8 月份，日粮中要添加维生素 E，一般每千克体重供给 5～6mg 为宜，否则幼貂易得黄脂肪病。

第三节　饲料品质鉴定与贮藏

一、饲料品质鉴定

在水貂饲料中，动物性饲料占有较大的比例，而这些动物性饲料一般都是以鲜、湿的状态进行饲喂，一旦这些饲料腐败变质，将会给水貂的繁殖、生长造成很大的损害。因此，在饲养水貂的过程中，对所喂饲料的品质进行鉴定、检验是非常重要的。鉴别饲料品质的方法很多，除感官鉴定外，还有物理学、化学、细菌学和寄生虫学鉴定等。现仅就感官鉴定分述如下。

1.肉类饲料的品质检验

肉类饲料应当是新鲜优质的，不应有腐败变质的征象。感官检验主要根据肉的性状、色泽、气味等方面加以鉴别(表 5-1)。

2.鱼类饲料的品质检验

各种鱼的鲜度，可根据眼、鳃、肌肉、肛门和内脏等状况进行鉴别(表 5-2)。

3.乳的品质检验

乳的新鲜度应根据色泽、状态、气味、滋味判断(表 5-3)。

表 5-1　肉类新鲜程度鉴别

项目	新鲜	不新鲜	腐败
外观	表面有微干燥的外膜，呈玫瑰红或淡红色，肉汁透明，切面湿润、不黏	表面有风干灰暗的外膜或潮湿发黏，有时生霉，切面色暗、潮湿、有黏液，肉汁混浊	表面很干燥或很潮湿，带淡绿色，发黏发霉，断面呈暗灰色，有时呈淡绿色，很黏、很潮湿
弹性	切面质地紧密有弹性，指按压能复原	切面柔软、弹性小，指按压不能复原	切面无弹性，手轻压可刺穿
气味	无酸败或苦味，气味良好，具有各种肉的特有气味	有较轻的酸败味，略有霉气味，有时仅在表层，而深层无味	深浅层均可嗅到腐败味
色泽	色白黄或淡黄，组织柔软或坚硬，煮肉汤透明、芳香，表面集聚脂肪	呈灰色，无光泽，易粘手，肉汤稍有混浊，脂肪呈小滴浮于表面	污秽，有黏液，常发霉，软，呈绿色，肉汤混浊，有黄色或白色絮状物，脂肪极少浮于表面

4. 蛋类饲料的品质检验

新鲜的蛋壳表面有一层粉状物（即胶质薄膜），蛋壳清洁完整，颜色鲜艳。打开后蛋黄凸起、完整并带有韧性，蛋白澄清透明，稀稠分明。受潮蛋，蛋壳有大理石斑纹和污秽。孵化蛋，外表光滑并有反射光。变质蛋，蛋壳灰污并有油质，常可嗅到腐败气味。

5. 干动物性饲料和干配合饲料的品质检验

鉴定这两种饲料时，应注意颜色、滋味、气味和干湿度。凡失去固有颜色，粉粒结团，长有绿色或黄色的霉菌，发出刺鼻的异味，舔尝时有哈喇味（即脂肪酸败味），说明已经变质，不能使用。

表 5-2　鱼类新鲜程度鉴别

项目	新鲜	次鲜	近于腐败	腐败
体表	有光泽，黏液透明，有鲜腥味，鳞片完整，不易脱落	光泽减弱，黏液稍有不良气味，鳞片完整	暗灰色，黏液混浊、浓稠，有轻度腐败味，腹部稍呈膨大	黏液混浊、黏腻，有明显腐败味，鳞片不完整，易脱落，腹部明显膨大
眼	眼球饱满、突出，角膜透明	眼球发暗、平坦	眼球轻度下陷，角膜微浊	眼球塌陷，角膜混浊
腮	鲜红或暗红色	暗灰红色，带有混浊黏液	淡灰褐色，黏液有异味	呈灰绿色，黏液有腐败
肌肉	肉质坚硬，有弹性	硬度稍弱，但不松弛	肉质松软多汁，指压后的凹陷恢复差	组织柔软松弛，指压后的凹陷不能恢复，肉和骨附着不牢，肋刺脱出
肛门	紧缩	稍突出	突出	外翻
内脏	正常	肝脏外形有所改变	肝脏和肠管有分解现象，内脏被胆汁染成黄绿色	肝脏腐败分解，胃肠等变成无构造的灰色粥样物

表 5-3　乳品新鲜程度鉴别

项目	正常乳	不正常乳	
		变化	原因
色泽	乳白色并稍带微黄色	淡蓝色、淡红色、粉红色	细菌、乳房炎或饲料引起
状态	均匀一致，不透明，液态，无沉淀	黏滑，有絮状物或多孔凝块	细菌无杂质、无凝块
气味及滋味	特有的香味，可口，稍甜	葱蒜味，苦味，酸味，金属味，外来气味	饲料、细菌、容器引起，或贮存不当

6.谷物饲料的品质检验

谷物饲料在贮存不当的情况下,受酶和微生物的作用,易引起发热和变质。

检验谷物饲料时,主要根据色泽是否正常,颗粒是否整齐,有无霉变及异味等加以判断。凡外观检查变色、发霉、生虫,闻有霉味、酸臭味,舔尝有酸苦等刺激味,触摸有潮湿感或结成团块者,均不能利用。

7.果蔬饲料的品质检验

新鲜的果蔬饲料具有本品种固有的色泽和气味,表面不黏。失鲜或变质的果蔬,色泽晦暗发黄并有异味,表面发黏,有时发热。

二、饲料的贮藏

1.动物性饲料的贮藏

水貂是以动物性饲料为主,而鱼、肉及其副产品又极易变质腐败,所以养貂场要保证饲料的新鲜,必须首先做好动物性饲料的贮藏工作。常用的贮藏方法有低温、高温、干燥和盐渍等方法。

(1)低温贮存。大中型貂场往往使用机动冷库贮存饲料。有条件的个体户因饲料用量少,故可用冰箱、冰柜保存饲料。无条件的也可因地制宜修建各种土冰库(窖)。

①冰冻密封式土冰库。在我国北方,趁冬季气温低的时候,将自然冰冻好的鱼、肉包成小包,堆放于避风背阴处,逐日洒水,冻一层洒一层,至冰层达 1 m 左右。然后,在冰上盖一层约 1 m 厚的锯末或稻壳,最外面盖一层 30～40 cm 厚的泥土。取用饲料时,挖开一孔,取一小包后立即用草帘或旧棉套将孔堵死。此法在北方各地初春开冻后的 2～3 个月较为适用。

②室内缸式土冰窖。选择一密闭性良好的库房,房内放置数口清洁的大瓦缸,缸间距 30～50 cm,缸四周用稻壳或锯末填满,

然后将鱼、肉与冰块混合倒入缸内，缸口用旧棉被或麻袋盖严，缸底分别开一小孔，用橡皮管通到室外，用以排出融化的冰水。此方法可保鲜饲料 1 周左右。

(2)高温贮存。高温可杀灭各种微生物。新购回的鲜鱼或肉，一时喂不了，可放入锅中煮(或蒸)熟，取出放阴凉处。夏季用此法能保鲜 1 d 左右，不能放置过久。

(3)干燥贮存。在炎热干燥的季节里，将新鲜肉类饲料煮沸 20 s 后切成片，鱼类饲料除去内脏(小鱼不除)，在室外摊开风晾，或在干燥室、铁锅内烘烤，使其彻底干燥。然后，将干好的动物性饲料装在草袋里，贮存于干燥、密闭的室内，地面要垫上石头和晒干的稻壳，以防受潮。这种方法可以贮存较长的时间。

(4)盐渍贮存。将鲜饲料置于水泥池或大缸中，用高浓度盐水溶液浸泡，以液面没过饲料为度，用石头或木板压实，这种方法可以保存饲料 1 个月以上。但盐渍时间越长，饲料盐分含量越高，使用前必须用清水浸泡脱盐，至少要浸泡 24 h，中间要换水数次，并不时搅动，脱尽盐分。否则易使水貂发生食盐中毒。

2.谷物饲料的贮存

水貂所用的各种饲料，其含水量应降到 12%以下，方可装袋入库贮藏。库房必须阴凉、通风、干燥，地面搭设板架，勿使饲料袋接触地面。特别应注意堆放层数不能太多。要经常翻动，及时晾晒，以免受潮变质。

3.果蔬饲料的贮存

供给水貂的瓜果蔬菜，最好随用随收。一时用不了应放在阴凉通风处，单层平铺，不要码大堆，防止变质。在我国北方，冬季应将果菜贮存于菜窖里，以便供给整个冬季使用。

第四节 水貂日粮配制

日粮就是根据水貂不同饲养时期的营养需要,饲料的不同品种的营养价值,科学地配制1日的饲料。它保证处于不同生理时期的水貂能从日粮中得到所必需的热能及蛋白质等各种营养物质,从而促进水貂的生长发育,并提高其繁殖率和毛绒品质。

一、水貂饲养时期的划分

由于水貂具有季节性繁殖和换毛的特性,因此,可根据水貂不同生物学时期的生理特点将一年划分为几个不同的饲养时期(表5-4)。表5-4水貂不同饲养时期的划分是人为的,实际上各饲养时期之间密切关联,不能截然分开。

表5-4 水貂生物学时期的划分

生物学时期	时间	生物学时期	时间
准备配种期	9月下旬至翌年2月	种貂恢复期	4～8月(公),7～8月(母)
配种期	3月上、中旬	育成期	6～9月
妊娠期	3月下旬至5月中旬	冬毛生长期	10～12月
产仔哺乳期	4月下旬至6月下旬		

二、各饲养时期的饲养标准

目前,我国尚未制定出统一的水貂饲养标准。现行的标准是一般的经验饲养标准和参考国外的一些饲养标准,应用时根据本场的饲料条件和貂群营养状态,适当增减。

1.以热量比为基础的饲养标准

该标准以水貂不同饲养时期所需的代谢能为基础,并指明日粮中所含可消化蛋白质数量标准，以及各类饲料在日粮组成中所占的热量比(表 5-5 和表 5-6)。

表 5-5　以热量为基础的饲养标准

饲养时期		代谢能(kJ)	可消化营养(g)			占日粮代谢能(%)		
			蛋白质	脂肪	碳水化合物	动物饲料	谷物类	果蔬类
准备	公貂	1 004.3～1 171.7	23～32	5～7	12～15	75	20	5
配种期	母貂	1 004.3～1 171.7	20～28	5～7	11～16	65	20～29	5～6
配种期	公貂	962.4～1 087.9	23～32	5～7	12～15	75	20	5
	母貂	962.4～1 087.9	20～26	3～5	10～14	65～75	20～25	6
妊娠期		1 046～1 255.4	27～36	3～5	9～13	75	20	5
哺乳期		962.4*	25～30	6～8	9～13	75	20	5
恢复期	公貂	1 046～1 171.7	22～28	3～5	16～22	60～65	25～30	8
	母貂	1 046	22～28	3～5	12～18	60～65	25～29	7～8
冬毛	公貂	1 046～1 255.4	25～40	7～9	14～20	65	28	7
生长期	母貂	1 046～1 255.4	27～35	7～9	14～20	65	28	5～6

*在 962.4 kJ 基础上，根据胎产仔数及其采食量的增加，在日粮中补加热能和可消化营养物。

表 5-6　育成期幼貂以热量为基础的饲养标准

月龄	性别	代谢能(kJ)	日粮热能比(%)			营养需要(g)		
			动物料	谷物类	果蔬类	蛋白质	脂肪	碳水化合物
1.5～2	公貂	1 046～1 464.6	65	28	7	30～40	69	16～24
	母貂	795～920.6				22～30	47	12～16
2～3	公貂	1 046～1 129.8	60	32	8	25～35	46	22～32
	母貂	962.5～1 129.8				18～25	35	16～2
3～4	公貂	1 129.8～1 422.8	60	32	8	28～40	78	22～32
	母貂	836.9～1 046				20～28	56	16～22
4～7	公貂	1 046～1 464.6	65	28	7	30～45	810	16～24
	母貂	836.9～1 046				22～30	68	12～16

2.重量比饲养标准

以水貂不同饲养时期所需要的总饲料量为基础,并指明所需要的可消化蛋白质数量标准,以及各类饲料在日粮组成中所占的重量比(表 5-7 和表 5-8)。

表 5-7 以重量为基础的饲养标准

饲养时期	日粮总量(g)	可消化蛋白质(g)	占日粮总量的(%)				
			鱼肉类	乳蛋类	窝头	蔬菜类	水或豆汁
准备配种期	250～300	23～30	55～60	5～10	10～15	8～10	10～15
配种期	220～250	23～28	60～65	5～10	10～12	8～10	10～15
妊娠期	260～350	28～35	55～60	5～10	10～12	10～12	5～10
哺乳期	300～1 000	35～60	50～55	5～10	10～12	10～12	5～10
恢复期	250～350	22～28	50～60		10～15	10～14	15～20
冬毛生长期	350～400	25～30	45～55		10～20	10～14	15～20

注:(1)窝头按熟制品计算。(2)哺乳期的标准是基础母貂连同仔貂的量。

表 5-8 不同饲养时期维生素需要标准(每日、每只)

时期	月份	维生素					
		A(IU)	D(IU)	E(mg)	B_1(mg)	B_2(mg)	C(mg)
准备配种期	12～2	500～800	50～60	2～2.5	0.5～1.0	0.2～0.3	—
配种期	3	500～800	50～60	2～2.5	0.5～1.0	0.2～0.3	
妊娠期	4	800～1 000	80～100	2～5	1.0～2.0	0.4～0.5	10～25
哺乳期	5～6	1 000～1 500	100～150	3～5	0.5	0.5	
恢复期	7～8	300～400	30～40		0.5	0.5	
冬毛生长期	9～11	300～400	30～40		0.5	0.5	

3.水貂干配合饲料标准

水貂干配合饲料标准见表 5-9。

4.国外的饲养标准

(1)美国水貂的饲养标准(表 5-10,表 5-11 和表 5-12)。

表 5-9 水貂用干粉配合饲料营养水平推荐值 %

项目	育成期	冬毛生长期	繁殖期	哺乳期
总能量(kcal/kg)	20 934	20 515	20 515	20 934
粗蛋白质	38	34	38	42
脂肪	19	20	14	22
粗纤维	<2	<2	<2	<2
无氮浸出物	26	30	30	24
钙	1.2	1.0	1.0	1.4
磷	0.8	0.6	0.6	1.0
食盐	0.5	0.5	0.5	0.5
赖氨酸	2.0	1.7	1.98	2.18
蛋氨酸	1.0	1.09	1.22	1.34
多种维生素	0.34	0.34	0.34	0.34
干粉料比例(占全日粮)	85～90	90～100	75～80	65～75
鲜辅料比例(占全日粮)	15～10	10～0	25～20	35～25

注:本资料由吉林省农业科学院畜牧分院动物营养研究所提出。

表 5-10 水貂不同时期的营养需要(每千克干物质)

时期 营养物	繁殖期 (1～4 月)	哺乳期 (5～6 月)	育成期 (7～8 月)	冬毛生长期 (9～12 月)
蛋白质	40～42	40～42	36～38	36～38
脂肪	18～22	22～30	24～30	20～22
碳水化合物	28～35	22～27	27～32	33～38
灰分	1～8	7～8	6～7	6～7
蛋白质∶热能	(1∶15)～(1∶16)			

(2)独联体成年水貂的饲养标准。独联体水貂饲养标准采用日粮总代谢能和每兆焦热能中可消化蛋白质的含量来表示(表 5-13,表 5-14)。

表 5-11 育成公貂饲养标准

周龄	项目									
	7	9	11	13	16	19	22	25	28	31
湿料量(g)	112	182	236	276	315	315	297	264	236	227
干料量(g)	37	60	78	91	104	104	98	87	78	75
蛋白质(g)	9	15	20	23	26	26	24	22	20	19
维生素 A(IU)	130	210	273	318	364	364	343	304	273	262
维生素 E(mg)	0.9	1.5	2.0	2.3	2.6	2.6	2.4	2.2	2.0	1.9
维生素 B_1(mg)	0.044	0.072	0.094	0.109	0.125	0.125	0.118	0.104	0.094	0.09
维生素 B_2(mg)	0.06	0.09	0.12	0.14	0.16	0.16	0.15	0.13	0.12	0.11
叶酸(mg)	0.019	0.03	0.039	0.046	0.052	0.052	0.049	0.044	0.039	0.038
烟酸(mg)	0.74	1.2	1.56	1.82	2.08	2.08	1.96	1.74	1.56	1.5
泛酸(mg)	0.23	0.36	0.74	0.55	0.62	0.62	0.59	0.52	0.47	0.45
吡哆醇(mg)	0.041	0.036	0.08	0.1	0.114	0.114	0.108	0.096	0.086	0.082
钙和磷(mg)	148	240	312	364	416	416	392	348	312	300

表 5-12 育成母貂饲养标准

项目	周 龄									
	7	9	11	13	16	19	22	25	28	31
湿料量(g)	97	158	206	239	26	255	136	215	194	182
干料量(g)	32	52	68	79	80	84	78	71	64	60
蛋白质(g)	8	13	17	20	22	21	20	18	16	15
维生素 A(IU)	112	182	238	276	301	294	273	248	224	210
维生素 E(mg)	0.8	1.3	1.7	2.0	2.2	2.1	2.0	1.8	1.6	1.5
维生素 B_1(mg)	0.038	0.062	0.082	0.095	0.103	0.101	0.094	0.085	0.077	0.072
维生素 B_2(mg)	0.05	0.08	0.10	0.12	0.13	0.13	0.12	0.11	0.10	0.09
叶酸(mg)	0.016	0.026	0.034	0.04	0.043	0.012	0.039	0.036	0.01	0.03
烟酸(mg)	0.64	1.04	1.36	1.58	1.72	1.68	1.56	1.42	1.28	1.2
泛酸(mg)	0.19	0.31	0.41	0.47	0.52	0.5	0.47	0.43	0.38	0.36
吡哆醇(mg)	0.035	0.075	0.057	0.087	0.095	0.092	0.084	0.078	0.07	0.06
钙和磷(mg)	128	208	272	316	344	36	312	284	256	240

表 5-13　俄罗斯成年水貂的饲养标准　kJ/(只·d)

月份	11月初体重(kg)							可消化蛋白质(g/MJ)
	1.15	1.3	1.5	1.9	2.2	2.4	2.6	
1～2	920.6	962	1 046	1 255	1 339	1 381	1 465	23.92～26.31
3	1 004	1 088	1 172	1 172	1 214	1 297	1 381	23.92～26.31
4～5(孕母)	920.6	1 004	1 088	1 172	1 255	1 339	1 423	23.92～26.31
6	920.6	1 004	1 088	1 339	1 465	1 632	1 758	21.53～23.92
7	962	1 046	1 130	1 423	1 506	1 674	1 799	19.14～21.53
8	1 004	1 088	1 172	1 464	1 590	1 756	1 841	19.14～21.53
9	1 046	1 130	1 255	1 506	1 674	1 799	1 925	19.14～21.53
10	1 130	1 255	1 381	1 632	1 758	1 841	1 967	23.92～26.31
11	1 004	1 046	1 130	1 297	1 339	1 423	1 506	23.92～26.31
12	920.6	962	1 046	1 255	1 297	1 381	1 465	23.92～26.31

表 5-14　维生素的需要量

维生素	每千克体重		每兆焦中		每 100 g 干物质中	
	最低量	适宜量	最低量	适宜量	最低量	适宜量
A(IU)	100	450	107.64	502.32	160	735
D(IU)	10	100	9.58	107.64	18	160
B_1(mg)	0.3	0.5	0.24	0.36	0.4	0.6
B_{12}(mg)	3.0	5.0	3.59	5.5	6.0	8.0
E(mg)	3.0	6.0	3.59	7.18	5.0	10.0

三、水貂日粮配制

水貂通过摄食日粮而获得能量和多种营养物质，作为维持生命活动和生产产品的物质基础。给水貂合理配日粮，则要求达到既能满足水貂的营养需要，又可节约饲料，从而获得最好的生产效果和经济效益。

1. 水貂日粮配制的原则

(1)依据水貂的消化生理特点。水貂属于肉食性动物，它的消化系统的解剖特征都是与消化肉食相适应的。因此,水貂的日粮应以动物性饲粮为主,占日粮总量比例的65%～70%;辅以植物性饲料,应占日粮总量比例的30%～35%。水貂对植物细胞的细胞壁和纤维素的消化能力很差,在选择植物性饲料时一定要选择纤维素含量少的品种,并经粉碎熟制后使用。同时,水貂自身合成维生素的能力差,日粮中应补充必要的维生素。

水貂胃有一定的容积,也就是说有一定采食量,日粮配制时如果体积过大,水貂虽然吃饱了但营养物质仍不能满足这一时期的营养需要,体况会逐渐下降。因此,配制日粮时既要考虑保证营养需要,又不能体积过大,造成剩食。

(2)依据水貂不同生理时期的营养需要。水貂不同季节处在的生理时期不同,所需要的营养物质的数量也不相同,因此供给饲料品种和数量也各不相同。例如,进入准备配种期所需要的蛋白质的数量就应该增加,脂肪比例就应该缩小;在冬毛生长季节,不仅对蛋白质需要量大,而且对脂肪的需要量也比其他时期增高。我国北方地区比中原地区天气寒冷得多,在北方越冬时体内要积蓄大量的脂肪御寒,配制饲料单时,入冬前就应该考虑增加脂肪供给量。

饲料单制定时还应该考虑貂群当时的体况。例如,在准备配种期,如果貂体况偏瘦,配制饲料单时,除保证蛋白质的需求量以外,还要增加些脂肪用量,使貂群体况尽快恢复到中等水平,不过肥也不偏瘦,达到繁殖种貂要求的体况。

(3)保持相对稳定。水貂择食性强,对饲料的变更适应性差,因此制定日粮时,要尽量避免饲料成分突然改变,否则将会降低适口性,严重者会出现貂群拒食,特别是母貂妊娠期,如果母貂拒食,体况下降,容易造成流产。如果要改变饲料成分,要有一个过渡期,过渡期一般7～10 d。

(4)根据当地饲料条件,合理搭配,避免原料之间的拮抗作用。

我国各地饲料资源广而丰富，动物性饲料品种亦相当繁多，故配制水貂日粮应据当地的水貂饲料资源而定。沿海地区，可以鲜海杂鱼为主生喂，尽量配搭部分肉类及肉类副产品，同时注意添加酵母和维生素 B_1；内陆靠近江河、湖泊地区，可用熟制淡水杂鱼为主配制日粮，繁殖季节，应搭配部分肉类，同时注意维生素 E、维生素 B_1 的添加；以干动物性饲料为主的日粮，要适当搭配一些乳类、蛋类及鲜肉，以提高适口性；以肉或肉副产品为主配制日粮时，要设法除去过多的脂肪，并要注意添喂矿物质、维生素 A、维生素 B_1。

总之，在配制日粮时，要充分利用当地的饲料资源，合理搭配。特别注意运用氨基酸互补作用，满足对必需氨基酸的需要，避免原料之间的拮抗作用，提高日粮中营养成分的利用率。

2.配制日粮的方法

一般配制水貂的日粮常采用热量法或重量法。

(1)热量法。热量法是以水貂每日所需代谢能为基础，根据水貂所处的生物学时期及营养需要，确定每只水貂 1 d 供给的代谢能总量(kcal)，再拟定出各种饲料占日粮代谢能总量中的比例，然后计算每 100 kcal 能量中各种饲料所占能量的相应重量。计算公式为：

$$100\ \text{kcal中某饲料所占能量的相应重量(g)} = \frac{100\times\text{某种饮料占日粮总能量}}{100\times\text{某种饮料的发热量(kcal)}}$$

最后，计算全群貂对各种饲料的需要量，按早、晚饲料比例(一般早占 40%，晚占 60%)分配，并提出调制饲料的具体方法。

为检查所配制的日粮是否适合，应重点计算该日粮中可消化蛋白质含量，必要时还应进行限制性氨基酸含量的计算或分析，以便搞清日粮中蛋白质是否全价。对于不发热或发热量很低的添加剂饲料，通常是按每日每只需要量添加。

例：欲配制雌貂妊娠前期日粮，根据营养需要确定总代谢能为270 kcal，可消化蛋白质为30 g，全群有雌貂1 000只，现有的饲料品种为：海杂鱼、痘猪肉、猪肝、牛乳、混合粮食粉（包括玉米粉5%、高粱粉2%、小麦粉3%）、酵母、麦芽、食盐、鱼肝油、维生素B_1、维生素B_2、维生素E等。

第一步：确定270 kcal中海杂鱼占40%、熟痘猪肉17%、猪肝8%、牛乳7%、混合粮食粉20%、大白菜2%、饲料酵母4%。

第二步：查营养成分表，计算各种饲料相应重量，从营养成分表上查得100 g海杂鱼代谢能为84 kcal，即可计算出40 kcal海杂鱼的重量(g)

$$\frac{40\times100}{84}=47.6\ (g)$$

用相应方法即可计算出17%痘猪肉、8%猪肝等相应的重量，分别为：熟痘猪肉5.9 g，猪肝6.7 g，牛乳10.6 g，混合粮食粉9.0 g，大白菜14.3 g，饲料酵母1.8 g。

第三步：计算270 kcal中，各种饲料的重量。

海杂鱼 $47.6\times2.7=128.5\ (g)$

痘猪肉 $5.9\times2.7=15.9\ (g)$

其余类推。

第四步：计算各种饲料中可消化蛋白质量。查营养成分表得知，100 g海杂鱼含可消化蛋白质为13.8 g，129 g（为128.5的近似值）海杂鱼含可消化蛋白质为：

$$\frac{13.8\times129}{100}=17.8\ (g)$$

同样可求得痘猪肉、猪肝等饲料所含的可消化蛋白质量。

第五步：根据需要写出添加剂的添加量，最后，提出配制加工饲料的要求：

①加喂麦芽的目的是补充维生素E，只能让芽长到1 cm以

下，否则，麦芽长高变绿，则失去了补给维生素 E 的意义。

②妊娠期的日粮组成要保持相对稳定。

③粮食要磨成细面，用水混合，蒸制成窝窝头，这样可提高消化率。

④食盐要是水溶化后拌于饲料中。

各步计算结果见表 5-15。

表 5-15　妊娠前期雌貂日粮

饲料	100 kcal		每只貂量		全群量 (kg)	早晚分饲量	
	%	相应重量 (g)	重量 (g)	可消化蛋白质(g)		早 40%	晚 60%
海杂鱼	40	47.6	129	17.8	12.9	5.2	7.7
熟痘猪肉	17	5.9	16	3.7	1.6	0.6	1.0
猪肝	8	6.7	18	3.11	1.8	0.7	1.1
中乳	7	10.6	29	0.84	2.9	0.2	1.7
混合粮食粉	22	9.0	24	1.72	2.4	1	1.4
大白菜	2	14.3	39	0.39	3.9	1.6	2.3
饲料酵母	4	1.8	5	1.9	0.5	0.2	0.3
麦芽			10	—	0.05	0.4	0.6
食盐			0.5	—	100 000 IU	0.02	0.03
维生素 A			1 000 IU		10 000 IU	40 000	60 000
维生素 D			100 IU		100 mg	4 000	6 000
维生素 B_1			1 mg		50 mg	40	60
维生素 B_2			0.5 mg		200 mg	20	30
维生素 E			2 mg		12.9	80	120
合计	100	95.9	270.5	29.46	27.05		

每只貂每日食可消化蛋白质的量为 29.46 g，同我们确定的 30 g 水平接近，说明此日粮是合理的。

(2)重量法

例：试用重量法计算雌貂妊娠后期的日粮，饲料品种有海杂鱼、牛肉、玉米面、小麦面高粱面、大豆面、大白菜、羊奶、鸡蛋及各种补加饲料。

计算步骤是：

①确定每日每只貂供应的日粮总重量为 260 g(添加剂未计在内)，并确定各种饲料所占百分比，海杂鱼 65％、牛肉 15％、4 种粮食各占 1％、大白菜占 16 ％。

②计算每只貂各种饲料的日供量。

海杂鱼 260×65％＝169 (g)

牛肉 260×15％＝39 (g)

玉米面 260×1％＝2.6 (g)

高粱面 260×1％＝2.6 (g)

小麦面 260×1％＝2.6 (g)

黄豆面 260×1％＝2.6 (g)

大白菜 260×16％＝41.6 (g)

③根据营养需要，确定各种补加饲料每只貂的日供量：食盐 0.5 g、羊奶 20 g、鸡蛋 20 g、维生素 A 1 500 IU、维生素 D 150 IU、维生素 E 5 mg、维生素 B_1 15 mg、维生素 B_2 1 mg、维生素 C 20 mg。

④查食物成分表即可得知上述各种饲料的可消化蛋白质百分含量，用各种饲料的日供量相乘，即得各种饲料的可消化蛋白质量，相加，即求得日粮可消化蛋白质的总量，用计算所得可消化蛋白质量同妊娠期营养需要相比较，就可概略知道所配日粮蛋白质是否能满足水貂营养需要。如日粮中可消化蛋白质偏低或偏高，则应将饲料加以调整。

⑤计算全群量及早晚分饲量，并提出饲料加工配制要求(同热量法)。

第六章 水貂的饲养管理

由于水貂具有季节性繁殖、季节性换毛的特点，因此，可根据水貂不同时期的生理特点及饲养管理特点，将一年划分为几个不同的饲养时期（表 6-1）。但必须指出，水貂各个饲养时期是相互联系的，后一个饲养时期均以前一个饲养时期为基础，不能截然分开。

表 6-1 水貂的饲养时期

<table>
<tr><th rowspan="2">貂别</th><th colspan="12">月 份</th></tr>
<tr><th>1</th><th>2</th><th>3</th><th>4</th><th>5</th><th>6</th><th>7</th><th>8</th><th>9</th><th>10</th><th>11</th><th>12</th></tr>
<tr><td>成年雄貂</td><td colspan="2" rowspan="2">准备配种后期</td><td rowspan="2">配种期</td><td colspan="5">恢复期</td><td colspan="2">准备配种前期</td><td colspan="2">准备配种中期</td></tr>
<tr><td>成年雌貂</td><td>妊娠期</td><td colspan="3">产仔泌乳期</td><td>恢复期</td><td colspan="4">（冬毛生长期）</td></tr>
<tr><td>幼龄貂</td><td colspan="4"></td><td colspan="3">哺乳期</td><td colspan="5">育成期（冬毛生长期）</td></tr>
</table>

第一节 准备配种期的饲养管理

一、准备配种期的饲养

准备配种期从 9 月下旬（秋分）开始至翌年 2 月为止，历时 5 个月。因准备配种期时间很长，又可分为 3 个阶段：9～10 月为准备配种前期；11～12 月为准备配种中期；翌年 1～2 月为准备配种后期。准备配种期饲养的任务是，调整种貂体况，促进种貂生殖系统的正常发育。

准备配种前期的饲养，主要是增加营养，提高膘情。因为成龄貂夏季食欲不振，体况偏瘦，此时食欲开始恢复，幼龄貂仍处于继续生长发育阶段。全群普遍脱掉夏毛，长出冬毛，故要提高日粮标准和动物性饲料的比例。此时，日粮标准的代谢能应达到 1 172～1 340 kcal，其中动物性饲料应占 70％左右，而且要由两个以上的品种组成。日粮总量应达到 400 g 左右，其中蛋白质含量不应低于 30 g。

准备配种中期的饲养，主要是维持营养，调整膘情，但这必须参考当地、当时的气候条件。在我国冬季十分严寒的北方，应当在维持营养的基础上向上调整膘情，主要防止过瘦，以保证越冬贮备和代谢消耗的需要。而在冬季不太寒冷的地区，则应在维持营养的情况下，向适中体况调整，主要是防止出现过肥和过瘦两极体况，所以不应采取一个模式的饲养标准。但无论何地，动物性饲料的比重都必须达到 70％以上，蛋白质含量必须达到 30 g 以上。在 12 月份，切不可只顾当年取皮而忽视或放松对种貂的饲养，否则，对下年的生产势必产生不良的影响。

准备配种后期的饲养，主要是调整营养，平衡体况。在冬季十分严寒的北方，虽然前段尽力维持营养和膘情，但因饲料冻结，影响水貂采食，仍然难免有不少个体膘情下降，故仍应向上调整体况，使其适中或略偏上。因此，在日粮标准的掌握上，虽然数量不需要增加，但质量则需适当提高。在不太严寒的地区，此时水貂体况易上升，体重增加，应防止过肥现象。因此，日粮的热量标准要适当降低，但营养价值亦应提高。这是因为 1～2 月份是水貂生殖器官和生殖细胞（精子、卵子）全面发育成熟的阶段，需要全价的蛋白质和多种维生素。此时，日粮标准应为 921～1 047 kcal，其中动物性饲料占 75％左右，而且由鱼类、肉类、内脏、蛋类等组成。谷物饲料可占 20％～32％，蔬菜可占 2％～3％或更少。此外，每只每天还应供给鱼肝油 1 g（含维生素 A 1 500 IU），酵母 4～6 g，麦芽 10～15 g(或清棉籽油 1 mL,或维生素 E 5 mg),大蒜 2 g,食盐 5 g。这些补充饲料亦可用维生素和微量元素添加剂 0.5～0.75 g 代替。饲料总量为 250 g 左右,蛋白质含量在 30 g 左右。

因准备配种期大部分时间处于寒冷季节,为防止饲料冻结,便于水貂采食,一般日喂两次,早饲 40%左右,晚饲 60%左右,不宜日喂 1 次。在饲料加工上,颗粒要大些,稠度要浓些,在十分寒冷的天气,可用温水拌料,并立刻饲喂。

二、准备配种期的管理

1.对种貂进行体况鉴定与调整

水貂的体质健康状况与繁殖力有密切关系,只有健康的体质、适宜的体况,才能保持其较高的繁殖力。因此,在准备配种后期,要尽力使全群种貂普遍达到中等体况,其中公貂适宜中等略偏上,母貂适宜中等略偏下。

(1)体况鉴定。有下列 3 种方法。

①目测。逗引水貂立起观察,中等体况的,腹部平展或略显有沟,躯体前后匀称,运动灵活自然,食欲正常。过瘦的,后腹部明显凹陷,躯体纤细,脊背隆起,肋骨明显,多作跳跃式运动,采食过猛。过肥的,后腹部突圆甚至脂肪堆积下垂,行动笨拙,反应迟钝,食欲不旺。应每周用此法鉴定 1 次。

②称重。1～2 月份应每半月称重 1 次。一般体型的公貂中等体况时,体重应为 1 800～2 200 g,全群平均在 2 000 g 左右。母貂应为 800～1 000 g,平均在 850 g 左右。如果公母貂分别超过2 200 g 和 1 100 g,即为过肥。如果公母貂分别平均不足 1 700 g 和 700 g,即为过瘦。当然由于体型大小不同,体重不可能绝对反映出体况的好差,故通常应与目测相结合来进行体况鉴定。

③指数测算。即用单位体长的体重来测定体况。计算公式为:

$$体重指数=\frac{体重(g)}{体长(cm)}$$

统计表明，母貂临近配种之前的体重指数在24～26 g/cm时，其繁殖力最高（A·T·卓依切夫，1961）。这在我国的一些貂场也得到验证。

（2）体况调整。体况鉴定后，应对过肥、过瘦者分别做出标记，并分别采取减肥与追肥措施，以调整其达到中等体况。

减肥办法：主要是设法使种貂加强运动，消耗脂肪。如人工逗引或后喂饲料，均可刺激其加强运动。同时，减少日粮中的脂肪含量，适当减少饲料量。对明显过肥者，可每周断食1～2次。如外界不太寒冷，亦可暂时撤出其小室内的垫草。

追肥办法：主要是增加日粮中的优质动物性饲料比例和总饲料量，也可单独补饲，使其吃饱。同时，给足垫草，加强保温，减少能量消耗。对因病消瘦者，必须从治疗入手，进行追肥。

据中国农业科学院特产研究所的经验，调整体况应与增加种貂运动量和光照相结合。元旦以后减少日粮中蔬菜和谷物的供给，降低饲料体积，促进种貂运动和降低肥度。饲料的供给量视喂饲前种貂到笼网上运动寻食状况而定。喂饲前1 h大部分种貂走出小室到笼网寻食为饲量适宜；喂饲时大部分种貂呆在小室内则为饲量太多；如种貂很早就到笼网上寻食，喂饲时有扒咬食勺的饥饿现象，则为饲量太少。减少饲喂量时应注意保证蛋白质的需要量。种貂体重指数与产仔数的关系，见表6-2。

2.做好发情检查工作

水貂产仔率的高低与配种时间关系很大，而能否做到适时配种，又在很大程度上取决于能否准确掌握水貂发情的周期变化规律。因此，发情检查就成为一项十分必要的工作。

表 6-2 体重指数与产仔数

母貂数	体重指数(g/cm)	胎平均产仔数
92	18～20	5.32
143	20.1～22	5.43
220	22.1～24	5.60
412	24.1～26	6.28
234	26.1～28	6.11
145	28.1～30	5.24
32	30 以上	—

据观察,水貂从 1 月份起就开始陆续发情,但必须到 3 月初方可配种。在这期间进行发情检查的目的,一是摸清每只母貂发情的时间早晚和周期变化规律,掌握放对配种时机,避免由于急切追求进度盲目放对所造成的拒配,如进行强制交配,可造成咬伤、失配、空怀、低产等不良后果;二是提早发现由于饲料营养和环境条件失调所造成的生殖系统发育不良,及时采取弥补措施,从而减少失配和空怀的比率。

检查的方法:从 1 月份起,趁貂群活跃的时候,每 5 d 或 7 d 观察 1 次母貂外阴部变化,并逐个记录。在正常饲养的情况下,一般在 1 月末母貂发情率应达到 70%左右,2 月末达 90%以上。如果在 1～2 月份发现大批母貂无发情征候,则意味着饲养管理上存在某种缺陷,必须立即查明原因,加以改进。

3.加强运动

运动能增强体质,消除体内过多的脂肪,同时也起到了增加光照的作用。经常运动的公貂,精液品质好,配种能力强;母貂则发情正常,配种顺利。因此,在每天喂食前,可用食物或工具隔笼逗引水貂,使其进行追随运动。

4.加强异性刺激

水貂达到性成熟后,通过雌雄接触的异性刺激,能提高中枢神经的兴奋性，增强性欲，明显提高公貂的利用率。其方法是，从配种前10 d开始，每天把发情好的母貂用串笼箱送入公貂笼内，或将其养在公貂邻舍，或手提母貂在笼外逗引，即可通过视觉、听觉、嗅觉等相互刺激促进发情。但异性刺激不宜过早开始，以免过早降低公貂的食欲和体质。

5.做出选配方案

制订配种计划，避免近亲交配。

6.准备好配种工具

棉手套、捕貂网、串笼、显微镜、载玻片、玻璃棒等。

第二节 配种期的饲养管理

水貂的配种期在2月下旬至3月下旬。此期由于受性活动的影响，水貂的食欲有所减退。另外，公貂每天要排出大量精液，母貂要多次排卵，频繁地放对和交配，对种貂特别是公貂体力的消耗很大。因此，配种期饲养管理的中心任务，就是使公貂具有旺盛的性欲，保持持久的配种能力，确保母貂顺利达成交配，并保证配种质量。

一、配种期的饲养

1.日粮配合

配种期水貂性活动加强，食欲自然下降，营养消耗较大，尤其公貂更为突出。因此，日粮必须具备营养全价、适口性强、容积较小、易于消化的特点。其热量标准可按837～1 047 kcal计算，动物性饲料占75%～80%，其中应由鱼、肉、肝、蛋、脑、奶等多种优质饲料组成，粮食饲料可占20%～22%，蔬菜可占1%～2%或不喂。此外，每只每天还应加喂鱼肝油1 g，酵母5～7 g，维生素E 2.5 mg(或清棉籽油1.5 mL，或小麦芽10 g)，维生素B_1 2.5 mg，大葱 2 g,食盐 0.5 g。总饲料量不宜超过 250 g,但蛋白质含量必须达到 30 g。另外,对配种能力强和体质瘦弱的公貂,每天中午还可单独补饲优质饲料 80～100 g,以保持其配种能力。如有配种能力强而又食欲不振者,可用少量鸡蛋、禽肉、鲜肝、鱼块等加少许葡萄糖诱喂。

2.加强饮水

要满足水貂对饮水的需要(尤其是公貂,每次交配后,口渴极需饮水),要给予充足的饮水或雪及碎冰块。

3.区别发情与发病

发情期由于性冲动,使水貂的食欲减退。因此,要注意观察、正确区别是发情还是发病。发情时,每天都要采食饲料,性行为正常,有强烈的求偶表现;病貂往往完全拒食,精神委靡,被毛蓬松,粪便不正常。如发现病貂,应及时治疗。

二、配种期的管理

1.建立合理的饲喂制度

此期水貂白天时间大部分放对配种,故饲养制度要与放对配种协调兼顾,合理安排。一般在配种前半期可先早饲后放对,中午补饲,下午放对,下班前晚饲。在较温暖的地区,到配种后半期,可趁早晨凉爽之时先放对,而后饲喂,中午补饲,下午放对和晚饲时间向后推移。无论饲喂制度如何安排,都必须保证水貂有一定的采食与消化时间,早饲后 1 h 内不宜放对,中午应使水貂休息 2 h 以上,不宜带灯饲喂和放对,以免因增加光照时间而引起水貂发情紊乱,造成失配和空怀。

2.科学安排配种进度

根据母貂发情的具体情况,选用合适的配种方式,提高复配率,并应使最后一次复配结束在配种旺期。

3.搞好卫生与安全

垫草要充足，湿污后要勤换。及时检修笼舍，防止水貂逃跑和咬伤。

4.配种时应注意的事项

(1)不可强制放对交配。由于母貂发情具有周期性的特点，只有在发情期交配，才能排卵受孕。如果在发情前期急切追求交配进度，采取强制交配措施而放对，则很容易造成咬伤、失配，甚至死亡，即使配上也很难受孕。

(2)不可盲目频频放对。母貂具有刺激性排卵的特点，除交配刺激外，通过放对、公貂追逐爬跨等亦可诱导其发生排卵。故不可频频试放，否则就会干扰排卵，影响受孕产仔，同时也容易造成咬伤和失配。

第三节　妊娠期的饲养管理

妊娠期的母貂新陈代谢旺盛，同化作用加强，其营养需要是全年最高的时期。除维持自身生命活动外，还要为春季换毛、胎儿的生长发育及产后泌乳提供营养。所以，此期要充分满足水貂对各种营养物质的需要，提供安静舒适的环境，确保胎儿正常发育。如果饲养管理不当，会造成胚胎被吸收、死胎、烂胎、流产或娩出后的仔貂生命力不强，给生产上造成重大的经济损失。

一、妊娠期的饲养

1.日粮配合

妊娠期水貂营养消耗很大，不仅要维持自身的基础代谢，而且还要为胎儿生长发育、产后泌乳和春季脱换毛绒贮备营养。因此，日粮必须具备营养全价、品质新鲜、成分稳定、适口性强的特点。其热量标准可定为921～1 089 kcal，前半期要低些，后半期要高些。动物性饲料要达到75%～80%，而且由多种优质饲料组成，粮食饲料可占18%～20%，蔬菜可占1%～2%。此外，还要按每只每日加喂鱼肝油1 g，酵母5～7 g，维生素E 5 mg，维生素C 20～30 mg，骨粉1 g，食盐0.5 g。总饲料量前半期为250 g左右，后半期达到300 g左右，蛋白质含量达到29～30 g。

2. 饲养中应注意的事项

(1)妊娠期的水貂饲料必须保持品质新鲜，绝不能喂腐烂变质、酸败发霉的饲料。否则，水貂会拒食，或食后必然造成下痢、流产、死胎、烂胎、大批空怀和大量死亡等严重后果。

(2)妊娠期绝不能喂用激素含量过高的动物性产品，如难产死亡的驴肉，带甲状腺的气管，经雌激素处理过的畜禽肉及下杂等，因其中含有的催产素和其他性激素，能干扰水貂正常繁殖而导致大批流产。

(3)在结束配种后20 d内，对公貂仍要按配种期的饲料饲养，以尽快恢复其体质，否则，将影响下年的配种。

(4)保证母貂有充足清洁的饮水。

二、妊娠期的管理

1. 适当控制体况

妊娠期，气候日趋温暖，母貂营养好而活动少，易出现过肥而造成胚胎被吸收、难产、产后缺奶、仔貂死亡率高等不良后果。故在妊娠前半期(约4月5日为界)，必须给予少而精的日粮，同时经常逗引母貂自然运动，将体况控制在中等略偏下的水平，防止过肥。

2. 适当增加光照

妊娠期已转入长日照周期，此时适当延长光照的时间或增加光照强度，对繁殖都是有利的。因为光通过视神经反射到大脑中枢以后，能加强丘脑下部促黄体素释放激素的活性，促进脑下垂体促黄体激素的分泌，增加卵巢黄体孕酮，这对促进胚泡及早着床发育是必需的条件，因而能够缩短妊娠期，提高产仔率（表 6-3，表 6-4）。

表 6-3 增加光照对水貂繁殖力的影响

貂别	母貂数		平均胎产仔数			5 日龄仔貂成活数		
	试验	对照	试验	对照	效果	试验	对照	效果
标准貂	380	380	6.5	6.1	0.4	6.1	5.9	+0.2
海特龙	105	105	6.4	5.3	+1.1	5.7	4.5	+1.2
蓝宝石	193	193	5.9	5.4	+0.5	5.0	4.6	+0.4
银狐	368	368	6.2	5.7	+0.5	5.8	5.3	+0.5
瑞典黄	101	101	5.5	5.1	+0.4	5.4	4.9	+0.5

表 6-4 光照时间对水貂妊娠的影响

组别	光照时间	平均妊娠(d)
试验组	每天增加人工光照 1.5 h	42.2
对照组	自然光照	44.2

试验证明，孕期增加人工光照，早开始比晚开始的效果好，彩貂比标准貂的效果好。因此，有条件的貂场，可于配种后开始，每天从日落昏影出现之前起，增加人工光照 1.5～2 h。其他貂场也应使母貂多接受太阳光的直接照射。

3. 注意观察

主要观察母貂食欲、行为、体况和粪便的变化。正常的妊娠母貂，食欲旺盛，粪便正常呈条状，并常仰卧晒太阳。如果发现母貂食欲不振，粪便异常等，要立即查找病因，及时采取措施加以解决。

4. 保持环境安静

妊娠期要排除各种干扰因素，如不应在貂场内搞基本建设或在附近放炮等，以防孕貂受到震惊刺激而发生流产。同时，要加强笼舍的检查维修，避免跑貂，减少因捕捉而发生机械性流产。

5.做好产前准备

根据预产期,在临产前1周要把母貂的窝箱打扫干净,并用2%的热碱水洗刷消毒,然后絮进柔软、干燥的垫草。絮草时要把箱内四角和箱底的垫草压实,草的中央做一个窝。窝的大小要适中,窝太小仔貂太集中,母貂没有转身余地,容易踩伤或踩死仔貂。

第四节 产仔哺乳期的饲养管理

从母貂产仔到仔貂断奶分窝是产仔哺乳期(4月末至6月下旬)。此期的中心任务是提高仔貂的成活率,保证仔貂生长发育。仔貂生长发育的好坏,主要取决于母貂的泌乳能力,而产仔哺乳期日粮的组成则是影响泌乳量的主要因素。因此,要使母貂能够正常泌乳,提高泌乳量和延长泌乳时间,就应给予营养全价的日粮,增加催乳饲料。另外,水貂产仔数较多,往往一胎所产的仔貂数量超出本身的抚养能力。因此,要提高仔貂的成活率,还必须对仔貂加强人工护理工作。

一、产仔哺乳期的饲养

1.日粮配合

日粮要维持妊娠期的水平,尽可能使动物性饲料的种类不要有太大的变动。为了促进母貂泌乳,应增加牛羊乳和蛋类等营养全价的蛋白质饲料,并适当增加脂肪的含量。

日粮配合必须具备营养丰富而全价,饲料新鲜而稳定,适口性强而易于消化的特点。因此,母貂日粮的热量可按1 005～1 089 kcal供给,仔貂所需的部分应另外增加。日粮中的鱼、肉、肝、蛋、乳等动物性饲料要达到80%以上,谷物饲料可占18%～20%,蔬菜可占1%或不喂。此外,每只每天还应补喂鱼肝油1～1.5 mL(含维生素A 1 500～2 250 IU)、酵母5～8 g、骨粉1 g、食盐0.7 g、维生素C 20～30 mg,日粮总量应达到300 g以上,其蛋白质含量要达到30～40 g。

2.饲喂制度

常规饲养一般日喂2次,最好3次。对一部分仔貂还应给予补饲。此时,饲料颗粒要小,稠度要小,但必须使母貂能衔住喂养仔貂。饲喂时,要按产期早晚、仔貂多寡,合理分配饲料,切忌一律平均对待。此外,必须保证饮水充足而清洁,这对泌乳量大的母貂尤为重要。

3.仔貂补饲

对生后数小时内因某种原因没吃上奶的仔貂,可用牛羊乳或奶粉经巴氏杀菌法消毒后,加少许鱼肝油临时滴喂,然后尽快送给母貂抚养。由于家畜常乳中缺少水貂初乳所富含的球蛋白、清蛋白和含量高的维生素A和维生素C、镁盐、卵磷脂、酶、免疫体(抗体)、溶菌素等复杂成分,故单纯靠牛羊乳哺喂幼龄仔貂是不易成活的。

对同窝数量多、20日龄以上的仔貂,在母乳不足的情况下,可于哺乳前用鱼、肉、肝脏、蛋糕加少许鱼肝油、酵母进行补喂,每日1次。但不要全群普遍补喂,也不可1日多次饲喂,以防仔貂吃饱饲料不吮乳,造成母貂假性乳房炎(胀奶)而拒绝护理仔貂。

二、产仔哺乳期的管理

1.昼夜值班

目的是通过监听及时发现母貂产仔,随时添加饮水,对落地、受冻、挨饿的仔貂和难产母貂及时救护。但必须保持场内肃静。值班人员应每2 h巡查1次。

2.加强仔貂的护理

提高仔貂的成活率。

3. 注意气候骤变

在春寒地区，要注意在小室中加足垫草，以利于保温。在温暖地区，垫草不宜很多，遇有大风雨天气，必须在貂棚迎风一侧加以遮挡，以防寒潮侵袭仔貂，招致感冒继发肺炎而大批死亡。

4. 保持环境安静

产仔母貂喜静厌惊，过度惊恐容易造成母貂弃仔。咬仔甚至吃掉仔貂，故必须避免场内和附近有震动性很大的奇特声响干扰。

5. 搞好卫生管理

仔貂单纯哺乳期间，其粪便由母貂舔食。但从 20 日龄左右开始采食饲料以后，母貂不再食其粪便，而此时仔貂排便尚无定点，母貂还经常向小室内叼入饲料喂仔，加之天气日渐暖和，各种微生物易于滋生，故必须搞好小室的卫生，及时清除粪便、湿草、剩饲料等污物。同时，还要搞好饲料品质的卫生检查和小食具的消毒，避免发生传染病。

第五节　幼貂育成期的饲养管理

仔貂从 40～45 日龄离乳分窝到 9 月末为育成期，9～12 月为冬毛生长期。此期饲养管理的正确与否会直接影响体型的大小和皮张的幅度。

一、育成期生长发育及营养需要特点

幼貂育成期，由于营养物质和能量在体内以动态平衡方式积累，机体组织细胞在数量上迅速增加，使幼貂得以迅速生长和发育，尤其在 40～80 日龄期间，是胎后生长发育最快的阶段。此时，幼貂新陈代谢极为旺盛，同化作用大于异化作用，蛋白质代谢呈正平衡状态，即摄入氮总量大于排出氮总量。因此，对各种营养物质尤其对蛋白质、无机盐和维生素的需要极为迫切。

二、育成期的饲养

根据幼貂的营养需要，其日粮标准应达 837～1 167 kcal，动物性饲料应占 75%左右(由鱼类、畜禽内脏和副产品、鱼粉、颗粒饲料等组成)，谷物饲料可占 20%～23%，蔬菜可占 1%～2%或不喂，还应加喂维生素和微量元素添加剂，每只每天 0.5～0.75 mg，或补喂鱼肝油 0.5～1 mL、酵母 4～5 g、骨粉 0.5～1 g、维生素 E 2.5 mg、饲用土霉素 0.5 g，总饲料量应由 200 g 逐步增加到 350 g，蛋白质含量要达到 25 g 以上。

育成期时值酷暑盛夏，要严防水貂因采食变质饲料而出现各种疾患。因此，除从采购、运输、贮存、加工等各环节上把紧饲料品质关以外，还必须有合理的饲喂制度。此时一般日喂 3 次，早晚饲喂的间隔时间要尽量长一些，每次饲喂 1 h，保证吃完饲料，如吃不完亦应及早撤出食具。这是育成期减少发病死亡的有效措施。

母貂经妊娠、产仔、泌乳的营养消耗，此期体质、体况普遍下降，部分母貂已达枯瘦状态而出现授乳症。故在断乳后 10～20 d 仍应按泌乳期日粮标准饲养。对患授乳症的母貂，应在饲料中加入 0.4%～0.5%的食盐，并加喂肝脏、酵母、铁铜制剂、维生素 B_6、维生素 B_{12} 和叶酸，以使其尽快恢复体质。否则，母貂夏季死亡率增高，对翌年繁殖也有不良影响。

三、育成期的管理

1. 离乳分群

仔貂出生后 40～45 d 应及时离乳分群。提早或推迟离乳对母貂和仔貂均无益处。离乳前，应做好笼舍的建造、检修、清扫、消毒和垫草的准备等工作。离乳方法是一次将全窝仔貂离乳，每 2～3 只同性养于同一笼舍，7～10 d 后分成单笼饲养。

2.做好初选

详见第三章水貂的选择部分。

3.搞好卫生防疫

育成期要尽力避免水貂采食变质饲料,饲料加工工具和饮食具要天天刷洗和定期消毒,饲料室和貂棚内的卫生要经常清扫,对蚊蝇、老鼠等要尽力消灭,以预防胃肠炎、下痢、脂肪组织炎、中毒等疾患。

及时供给充足的饮水,及时赶醒在阳光下睡觉的水貂,加强通风,预防中暑。

4.做好预防接种

对犬瘟热、病毒性肠炎等传染病,可实行疫苗预防接种。

幼貂育成期饲养管理的好坏,可通过定期称重来判断。各月初幼貂的平均体重见表6-5。

表6-5 幼貂平均体重指标 g

貂别	日期				
	7月1日	8月1日	9月1日	10月1日	11月1日
公貂	750	1 130	1 450	1 650	1 800
母貂	570	730	890	940	1 000

第六节 冬毛生长期的饲养管理

一、冬毛生长期的生理特点

进入9月份,水貂由主要生长骨骼和内脏转为主要生长肌肉,沉积脂肪,同时随着秋分以后的日照周期变化,将陆续脱掉夏毛,长出冬毛。此时,水貂新陈代谢水平较高,蛋白质代谢仍呈正平衡状态。水貂肌肉中含蛋白质25.7%、脂肪9.3%以上,毛绒则是蛋白质角化的产物,故对蛋白质、脂肪和某些维生素、微量元素的需要仍是很迫切的。据研究,此时水貂每千克体重每日需要可消化蛋白质为27～30 g,尤其需要构成毛绒和形成色素的必需氨基酸,如含硫的胱氨酸(占毛皮蛋白质的10%～15%)、蛋氨酸、半胱氨酸和不含硫的苏氨酸、酪氨酸、色氨酸,还需要必需的不饱和脂肪酸,如十八碳二烯酸(亚麻油二烯酸)、十八碳三烯酸(亚麻酸)、二十碳四烯酸和磷脂、胆固醇以及铜、硫等元素,这些都必须在日粮中满足供应。

二、取皮貂的饲养

日粮标准的总能量应为1 089～1 340 kcal,其中动物性饲料不低于75%,而且要由鱼类内脏、血液、肉类副产品、鸡兔下杂、鱼粉和颗粒饲料等品种组成,粮食比例不宜超过25%,蔬菜可以不喂。各种维生素饲料,可由维生素和微量元素添加剂0.5～0.75 g代替。此外,补喂少许芝麻或芝麻油,将会明显增强毛绒光泽与华美度。日粮总量可达300～400 g,蛋白质含量要达35 g左右。

在目前的水貂生产中,比较普遍地存在着忽视水貂冬毛生长期饲养的倾向。不少貂场企图降低成本,而在此期间采用品质低劣、品种单调的动物性饲料,甚至以大量的谷物和蔬菜代替动物性饲料饲养皮貂。结果因机体营养不良,导致大批出现带有夏毛、毛峰勾曲、底绒空疏、毛绒缠结、枯干零乱、后裆缺针等明显缺陷的皮张,严重降低了毛皮质量,不但减少了生产单位的经济收入,而且也降低了国家出口毛皮的经济效益,对此,必须加以纠正。

三、取皮貂的管理

(1)水貂生长冬毛是短日照反应,因此,在一般饲养中不可增加任何形式的人工光照,并把皮貂养在较暗的棚舍里,避免阳光直射,以保护毛绒中的色素。

(2)从秋分开始换毛以后,应在小室中添加少量垫草,以起自然梳毛的作用。同时,要搞好笼舍卫生,及时维护检修笼舍,防止污物沾染毛绒或锐利刺物损伤毛绒。添喂饲料时勿将饲料沾在皮貂身上。10 月份应检查换毛情况,遇有绒毛缠结的,应及时梳毛除掉。

(3)褪黑激素(MLT)在水貂养殖上的应用。水貂的夏毛一般在 7～10 月间脱落,其顺序是从尾部开始逐渐向头部发展。冬毛在 9～11 月生长,至 12 月生长完成。冬毛一直维持到翌年 3 月末,但 3 月间就已开始脱毛。当浓密的冬毛脱落时,稀疏的夏毛即从头开始生长,逐渐向尾部发展,至 6 月中旬夏毛就代替了冬毛。

1983 年 J. Rost 和 F. Stormshoe 发表了"用褪黑激素诱发水貂冬毛生长"的论文后,埋植褪黑激素诱发冬毛提早生长引起了人们的重视,目前褪黑激素已在养貂业上广泛应用。褪黑激素可使水貂毛皮提前成熟 1 个多月(提前 1 个月取皮),可节约大量饲料。另外,还能提高皮张的长度及毛皮质量。

褪黑激素主要用于皮貂,7 月初在取皮水貂的颈部被埋植于皮下,每只埋植剂量为 5～10 mg。但应注意,可能由于埋植剂量、方法及个体差异等原因,被埋植 MLT 的水貂毛皮成熟时期不太一致,因此,应经常对埋植 MLT 的水貂进行毛皮成熟度检查,必须在完全成熟后方可取皮,成熟 1 只取 1 只,否则会影响毛皮质量。

第七章　水貂的取皮及皮张初加工

第一节　取皮前的准备工作

一、屠宰、剥皮工具的准备

(1)剥皮操作台。用三角铁焊成框架，再铺以铁板，台面正中央有一排挂钩。也可用厚重的硬木材料制成。操作台高度以能方便剥皮为限。

(2)挑刀。用于挑裆、挑尾，以及剥离耳、眼、鼻、口等部位的皮，可一面带刃，但要求尖而锐利。

(3)刮油刀。用于刮掉皮板上的肌肉和脂肪，要求刀刃平齐，不准有微小的卷刃或缺口。可用废电锯条自制，也可用电工刀代替。刀刃的快钝由操作者技术熟练程度而定。刀刃锋利易于伤皮，但刀刃太钝则很费力。

(4)刮油棒。是手工刮油时衬在皮筒里(皮板朝外)的圆形光滑棒状物。最好用橡胶皮管，规格为直径 5 cm，长 40 cm。也可用木棒制成。

(5)刮油机。目前国内外大型貂场都采用半机械化刮油机刮油，效率很高。

(6)锯末。锯末是用来洗皮用的。将硬质的、不含树脂的锯末过筛，取小米粒大小的锯末，干燥后保存备用。

此外，还要准备好工作人员的劳保用品，包括围裙、套袖、口罩、毛巾等。

二、貂皮加工、干燥用具的准备

1. 转鼓和转笼

这是水貂洗皮的工具。断面用厚木板制成，转鼓的表面钉有硬质纤维板或镀锌金属薄板。转鼓直径以能使水貂皮在转鼓内产生足够的落差为限。里面有4～8根横梁，以便转鼓转动时带着貂皮向上转。各种规格的转鼓尺寸及洗皮能力见表7-1。

表7-1 不同规格转鼓的尺寸及洗皮量

规格	鼓直径 (cm)	鼓长 (cm)	锯末量	电动机功率 (W)	一次洗皮量 (张)
Ⅰ	80	90	1桶	373	30～40
Ⅱ	120	1个鼓分隔成2～3部分，每部分长约50 cm	适量	373	60～80
Ⅲ	150	90	23～40(kg)	1 492	75(公皮) 100(公、母皮混合)

转笼尺寸与转鼓相同。转鼓的转速调整在18～23 r/min之间。将小皮带轮安装在马达轴上，大皮带轮安装在转鼓上。转鼓转速计算方法如下：

$$v_{鼓}=\frac{A}{R}\qquad R=\frac{C}{B}$$

式中：A=马达低挡输出速率，B=马达皮带轮直径，C=转鼓皮带轮直径，R=小轮马达转速比率，$v_{鼓}$=转鼓的转速。

当$A=184$，$B=16$ cm，$C=142.2$ cm时，$R=8.89$，$v_{鼓}=20.7$ r/min。

皮张最好在锯末中洗4遍，所以应准备4个转鼓和1个转笼。转鼓和转笼最好单个安装在一个封闭的小室内。小室后墙上留有通风口，通过管道输送系统与1个5.5 kW大功率排风扇连接，以排出洗皮时进入到空气中的灰尘。

2.楦板

楦板是水貂皮干燥过程中用以支撑皮张,使之保持商品规格外形的工具,要求结实、不变形、吸湿性好、利于通风。通常用松木、椴木和山杨等软质木料制成。目前,我国采用的水貂皮楦板规格见表7-2。

表7-2　水貂皮楦板规格　cm

公貂	母貂	公貂	母貂
全长110,厚1.1	全长90,厚1.0	距尖端13处起,中部透槽长71,宽0.5	距尖端13处起,中部透槽长60,宽0.5
距尖端2处,宽3.6	距尖端2处,宽2.0	距尖端13处,两侧半透槽,长84,宽1.5	距尖端13处,两侧半透槽,长70,宽1.5
距尖端13处,宽5.8	距尖端11处,宽5.0	由尖端起,两侧正中开一条小沟槽	由尖端起,两侧正中开一条小沟槽
距尖端90处,宽11.5	距尖端71处,宽7.2	距尖端14处,两侧开长14与中央透槽相通的透槽	距尖端12处,两侧开长13与中央透槽相通的透槽

制造楦板的材料必须十分干燥,不能涂漆,也不能涂油。皮张初加工结束后,应将用过的楦板用碱水或酒精洗净,并用砂纸将表面打光。要保证楦板数量充足,以保证重复使用时有足够的时间使它充分干燥。

3.缠楦板纸

鲜皮上楦板之前,要用纸把楦板缠上。缠纸的目的是通过纸吸收水分和再干燥,以达到干燥皮张的目的。因此,要求纸的吸湿性要好,并保持干燥。

4.风干机

也称皮张干燥器。由1台电动鼓风机和1个带有一定数量的风嘴管的风箱及铁架组成。

风箱用木板或金属板制成,有立式(貂皮水平放置干燥)和平式(貂皮垂直放置干燥)两种。目前我国大多数貂场采用的是立式,而国外则多用平式。以平式便于操作并节省空间。风箱一侧表面装有一定数量的风嘴管,风嘴管间的距离为横向 100 mm,纵向 80 mm,管的内径为 8 mm,高出风箱 75～100 mm。管的基部和箱体连接处的通风口要尽量通畅,管的端部应做成扁嘴状,以利于插入貂皮嘴中。为了抵抗强大气流的压力,风箱应做得牢固一些。在风箱用螺丝固定之前,应该先用胶黏合在一起,以防箱内的空气从风嘴以外的地方跑出。

风箱的风源来自鼓风机。空气进入鼓风机以前必须经过过滤,以防尘埃阻塞风嘴管。鼓风机风口与风箱之间相接处要密封好。1 台强力鼓风机可为几台风箱提供风源。进入每个风箱的风量通过输风管上的气流调节器调节。一般公貂皮干燥时所需风速为 1 220 m/s,母貂皮为 1 158 m/s。

5. 干燥间

在大型貂场,水貂皮干燥间应具有如下设备:

(1)通风装置。应安装在离地面 1. 8 m 处,通风用的空气来自预热间,不要让室外寒冷的空气直接吹入干燥间。

(2)排风扇。在皮张干燥过程中,由于鲜皮散发出许多水分,使干燥间的湿度不断增加。为了使皮张顺利干燥,应在离地面 0. 3～0. 6 m 处安设排风扇。排风扇要有足够的效率,要求开动 1 h 后能将干燥间所有的空气排出室外。

(3)电加热器。应安装在干燥间通风口的下方,以保证空气进入干燥间时温度不至于过低,但不能放置于离皮张太近的地方,以防烤焦皮张。

(4)温度计和湿度计。用以监测干燥间温度和相对湿度。湿度计以毛发湿度计精确性较好,但要在每个应用季节前进行校准。有条件的貂场可设恒温器,以自动调节干燥间内的温湿度。通常干燥间最适宜的温度是15.6～19℃，相对湿度为55%。

第二节 剥皮技术

一、毛皮成熟的鉴定

通常水貂毛皮成熟时间是在11月中旬至12月上旬。其中白色水貂毛皮成熟时间为11月10～15日；珍珠色和蓝宝石色为11月10～25日；暗褐色和黑色水貂为11月25日至12月10日。每种毛色类型的毛皮按老年公貂、育成公貂、老年母貂、育成母貂的顺序成熟。此外，水貂毛皮成熟还与水貂的光周期、营养等密切相关。如果过早取皮，皮板发黑，针毛不齐；过晚取皮，毛绒光泽减退，针毛弯曲。为了适时掌握取皮时间，在屠宰前要进行毛皮成熟鉴定。

目前，毛皮成熟的鉴定多采用观察活体毛绒特征与试剥观察皮板颜色相结合的方法进行。

1.观察毛绒

成熟的毛皮，夏毛脱净，体表无飞绒，全身被毛长齐。逆光观察毛被，可见一条明显的平齐轮廓线（毛峰平齐），底绒丰厚，针毛直立，毛绒灵活，有光泽，尾毛蓬松粗大。水貂活动时，周身被毛有裂缝，尤以颈部最为明显。

2.观察皮肤

用嘴吹开尾毛观察皮肤，成熟的冬皮尾部皮肤呈淡粉红色。

3.试剥观察皮板

试剥时，躯干皮板洁白，刮油省力，臀部、尾部无黑色色素时即可取皮。煤黑色水貂皮成熟时，其尾和爪部皮板可带少量黑色色素。

二、处死方法

应当以简便易行，致死快，不污染毛被，不影响毛皮质量为原则。

1. 折颈法

捉住水貂后放在坚固的桌子或木箱等物体的平面上。先用左手压住水貂的肩背部，然后用右手心托住其下颌部，将头部向后翻过去，左右手同时压住头部，迅速有力地把水貂头部向前下方推按，当手有颈椎骨脱臼的感觉时，水貂四肢随即向后伸直而死亡。此法操作简便，不需要设备和工具，处死迅速且不损伤毛皮。但劳动强度大，有时个体较大的公貂折颈时比较费力。这种方法比较适用于小型饲养场。

2. 药物致死法

常用横纹肌松弛药司可林（氯化琥珀胆碱）处死。小型动物按1 mL/kg、大中型动物按0.5～0.75 mL/kg剂量皮下注射，动物在3～5 min即可死亡。死亡动物尸体内的残留药物无毒性，不影响尸体的利用。药物致死法还可以采用嗅氯仿法使动物致死。

3. 心脏注射空气法

此法需要两个人协同操作。一个人用双手保定好水貂，使其腹部向上。另一个人用左手托住水貂胸背部，手指相捏，固定心脏，右手持注射器，在水貂心跳最明显处进针，如有血液回流，即可注入5～10 mL空气，水貂马上两腿强直，迅速死亡。此法省力，水貂死亡迅速。但需注射人员操作技术熟练。

4. 电击处死法

将连接220 V火线（正极）的电击器金属棒插入动物的肛门内，待动物前爪或吻唇接地时，接通电源，5～10 s死亡。电击处死法效果好，但要注意安全。

屠宰后，应把水貂尸体放在干净凉爽的地方，切忌堆放，以防因尸体余热而引起脱毛。剥皮应在处死半小时后进行，此时剥皮不易发生流血污染皮板和毛绒。如来不及当天剥皮，应将尸体放在－10～－1℃处保管，如温度过高，微生物和酶容易破坏皮板；温度过低，则容易形成冻糠板，影响毛皮品质。

三、剥皮

按照商品要求，水貂皮要加工成筒皮。要求皮形完整，头、耳、须、尾、腿齐全；去掉前爪，抽出尾骨、腿骨，除净油脂，毛朝外，按标准楦板上楦晾干。

1. 剪前掌

用骨剪或 10 cm 直径的小电锯从腕关节处，剪除两前掌。

2. 挑裆

用挑刀从水貂一后肢爪掌处下刀，沿后肢内侧长短毛分界线向前挑开，横过离肛门前 2.5 cm 处直挑至另一后肢爪掌处，即完成挑裆。注意必须严格按长短毛分界线挑正，否则影响皮张长度和美观（图7-1）。

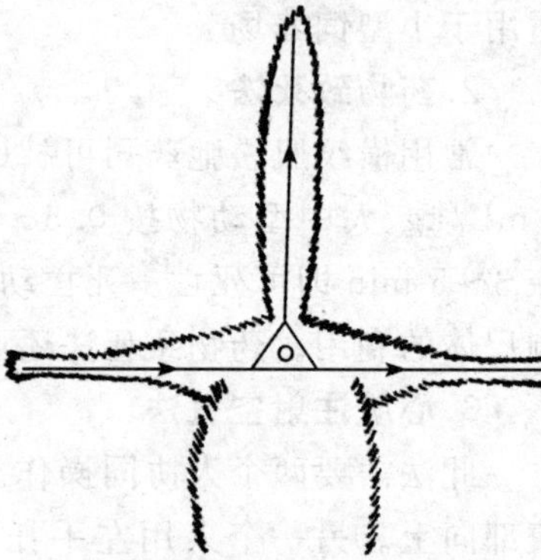

图 7-1 挑裆示意图

3. 挑尾

由尾根肛门后缘开始，沿尾部腹侧正中线挑至尾尖。留下带肛门的一小块三角形毛皮。注意挑刀要紧贴皮肤，以免挑破肛门腺。

4. 剥皮

挑裆后，要用锯末洗净挑开处的污血，然后先把手指插入一后腿的皮和肉之间，分离后腿皮到接近掌骨处；用剥皮台上的挂钩钩住该后腿，左手继续拉住后腿皮肤，右手用剪刀割开皮与肉的连接处。当露出最末1节趾骨时，用剪刀剪断，使后肢皮完整而带爪。两后肢皮肤都剥下后，将尾骨抽出，再从臀部向头部方向剥皮。剥公貂皮时至阴茎处先将包皮剪断，以免剥离时撕坏生殖器处的皮板。剥离至前肢时，双手用力抽出前肢骨和肌肉。剥离头皮时，左手攥紧貂皮，右手用剥刀在耳根基部和眼眶基部紧贴着骨膜将连接的皮下组织剥离，要使耳、眼、鼻部保持完整。

有条件的大型养貂场，可用水貂剥皮机剥皮。将已挑裆、剥离完后肢并去掉前肢爪掌的貂尸体的后躯固定在剥皮机上，通过脚踏控制装置，使貂胴体向上升，貂皮向下剥。两个人用1台剥皮机，每小时可剥水貂皮120张。剥皮机由约245 W的液压马达驱动。

第三节　水貂皮的初加工

水貂皮的初加工包括刮油、修剪、洗皮、上楦、干燥等步骤。

一、刮油

目前，水貂皮刮油有手工刮油和机械刮油两种方法。

1.手工刮油

剥下的水貂皮经过几分钟冷却后，即可套在刮油棒或胶管上刮油。刮油的步骤是从尾部、后肢向前直至耳根。刮油时右手平稳持刀，左手按住皮板，刀面与皮张角度要小，用力要均匀，边刮边用锯末搓洗皮板，以防油脂过多而污染毛皮。头部肌肉可以不刮，待下一步修剪。母貂乳房、公貂阴茎部位和前腋下最容易刮破，刮到这些部位时要特别小心。刮油的标准是去净油脂，不要用力过度，刮破毛根，造成毛绒脱落。

2.机械刮油

用刮油机刮油，不仅速度快，而且皮张洁净，不易出现破口。1

台刮油机由两个人操作，其中一人将皮张套在一头大一头小的圆杆上；另一人站在刮油机的左后侧，左手固定皮筒，右手操纵刮刀使其紧靠皮板。工作时给以轻轻的压力，刮一下转动一下皮筒。从头部向后刮，刮至后部将刀离开皮张，再移至头部向后刮。严禁在一个部位刮两次，更不可在一个部位停留，否则会损坏毛皮。

由于刮油器叶轮转速达 1 725 r/s，脂肪很容易溶化而污染滚筒。因此，每套 1 张皮时，应先用干毛巾把滚筒擦净。有的刮油机带有一个强力吸尘器，能通过吸进管嘴把刮油时溅落的脂肪和肌肉组织迅速地吸入一个容器内，从而减少了对滚筒的污染。

二、修剪

刮油时，貂皮的边缘、尾部、四肢和头部不易刮净，可用剪子将残留的肌肉和脂肪剪净。

三、洗皮

水貂皮洗皮有手工洗皮和机械洗皮两种方法。其目的是去除皮板和毛绒上的油脂。皮板和毛绒应分别洗，洗完皮板后再翻过来洗毛面。

1. 手工洗皮

将修剪好的皮张（皮板向外）放在洗皮盘中，用锯末充分搓洗皮板。将板面油脂搓净后，翻过皮筒放在另一盘中再洗毛面，洗至无油脂、出现光泽时为止。洗好后用手抖净附在毛皮上的锯末。若貂皮毛绒污染严重时，可在锯末中加一些酒精或中性洗衣粉洗涤。伤口、缺肢和断尾等各种损伤都要缝合、修补好。

2. 机械洗皮

大型貂场洗皮最好通过 4 个转鼓和 1 个转笼完成。其洗皮步骤如下：

(1)第一个转鼓。貂皮板朝外，在转鼓中洗 10 s，初步筛除锯末(转鼓内安两层门,第二层门为铁栏门,第一层门为封闭的门,可拿下来。当洗完皮后可先拿下第一层门,转动转鼓使锯末从铁栏门处下落到地上的槽里,从而使貂皮和锯末分离),再把皮板翻进去,让毛朝外。

(2)第二个转鼓。将从第一个转鼓中拿出的貂皮毛朝外放入第二个转鼓中,洗 10 s,锯末中可适当掺入清洁剂。筛除锯末后,再放入转笼中转 10 s,检查貂皮尾部是否还有过多的脂肪,如有要用剪刀修剪下去。用针梳将缠结毛梳开。要将皮张破损处缝合好,然后送入下一个转鼓中洗皮。

(3)第三个转鼓。毛朝外,在锯末中洗 20 s,筛除锯末。

(4)第四个转鼓。毛朝外,在锯末中洗 5 s,筛除锯末,然后在转笼中转 10 s。

洗好的貂皮,应该是针毛光滑有光泽,底绒蓬松。干燥后的皮张,不要再用转鼓洗皮。

洗皮间的温度应适当凉一些,最好为 13～18℃。

四、上楦

在进行洗皮的同时,将楦板缠上干燥的旧报纸。其方法是,把报纸裁成一定宽度的纸条,以一定的角度缠绕在楦板上,把整个楦板全部包上。貂皮干燥的原理是:楦板上的纸吸收了皮板上的水分,空气吹过楦板和纸间的空隙时,又带走了纸吸收的水分,如此循环往复,直到皮张干燥。值得注意的是,风干皮张时,虽然楦板不缠纸并不损坏毛皮,但是皮张风干后左右两侧边缘毛绒显得空疏,严重时背部针毛向中心方向聚拢,从而降低了皮张的等级。其原因是,在风干时,未接触到楦板的皮板,因通风流畅而首先干燥,引起这些部位皮板收缩,导致紧贴楦板边缘的皮板拉长(因为这部分皮板通风不好,干燥需时间较长)。因此,切不可忽视楦板缠纸这道工序。

皮张一经洗完，就要尽快上楦。上楦前做好打尺板，板上划好公、母皮张各档号的长度尺寸，公、母皮要分别用公母皮楦板（上错楦板要按等外皮处理）。上楦时，要严格按要求操作。具体步骤如下：

(1)套皮。将洗好的皮毛朝外套在缠好纸的楦板上，将头部及两前肢拉正，下颌翻入内侧，再将两前腿翻入里侧，使露出的腿口和全身毛面平齐。

(2)固定背面。将两耳拉平，尽量拉长头部（可拉长约 1 cm），再拉臀部，尽量使皮拉长到接近的档级刻度（但不要过分抻拉，以免毛稀板薄）。然后用图钉在尾基部和臀边缘处固定。拉皮时严禁拉皮张的躯干部，也不许用手摸毛面。

(3)固定尾部。两手按住尾根部，从尾根开始横向抻展尾部皮板，将其折成许多小皱褶，直至尾尖部，使尾长缩短为原长的 1/2～2/3，然后用纸板压住，再用图钉固定。

(4)固定腹面。将腹部拉平使之与背面长度平齐，展宽两后肢板面，使两腿平直紧靠，用图钉固定。

通常 3 人配合，流水作业，比 1 个人完成整个工序的效率要高得多。

五、干燥

水貂皮干燥方法有烘干和风干两种。以风干法最简便，效率高，加工质量好。

1.烘干法

将上好楦的皮张放在晾皮架上，室温最好维持恒定（18～25℃），湿度为 55%左右。要设专人看管，在烘干过程中要不断倒换皮张方向和位置，以便尽快干燥。24 h 后，毛皮中的大部分水分将会散发掉。因公貂楦板吸收水分较多，所以，此时必须更换干燥的楦板和纸，然后放回晾皮架上进一步干燥。母貂皮应干燥到

36～38 h，而公貂皮更换楦板后还需再干燥 48～60 h，所以，公貂皮到最后下楦板总共需要大约 3 d 的干燥期。.

2.风干法

将上好楦的貂皮插放在风干机的风嘴上，使风嘴管经貂嘴进入楦板和纸中间，便于风自由穿过纸套并从楦板底部排出。风干室适宜温度为 16～19℃，适宜湿度为 55%。公貂干燥时所需风速为 1 219 m/s，母貂为 1 158 m/s。在上述条件下，公貂皮在 3 d 内干燥，母貂皮在 2 d 内干燥。干燥好的貂皮应感到轻柔，抖动时发出"噼啪"的响声。如偶尔有的皮张有些发软(特别是颈部)，应将其重新上到干燥的楦板上再风干 24 h。一般未风干好的皮张，感觉到重、硬、僵挺。通常皮张僵挺的原因有以下四点：一是刮油不彻底(特别是颈部周围)。二是皮张插在风干机风嘴上的方式不对、风嘴管内部被异物堵塞、不正确的上楦阻碍了风的流动、下楦板过早或者鼓风机皮带松脱等因素影响，致使皮张干燥太慢。三是干燥间湿度太高。四是健壮的老公貂皮肤较硬，3 月末的种公貂皮也趋于僵挺，这可能是由于适时取皮期已过，不易刮净脂肪所致。

六、下楦和整理

皮张下楦时要细心，以防撕裂其鼻部皮肤。下楦前一定要把图钉去除干净。下楦时一人固定皮张，另一人用力拉楦板，即可脱下。下楦的皮张用细铁丝从眼孔穿过，每 20 张一串，在黑暗的房间内悬挂几天，室温应为 13℃左右，相对湿度在 65%～70%。皮张在验质分级之前，再用细锯末搓洗一遍，以除掉灰尘和油污，然后用小竹棍轻轻敲打，并用毛巾擦洗。也有用毛巾蘸酒精擦洗皮张的，以使毛光亮美观。

七、皮张整理、分级和包装

水貂皮干燥后，应尽快进行整理，级别相近的归在一起，以便进行分级。为了避免自然光强弱对貂皮分级时颜色辨别有影响，所以在验貂皮时一定要在灯光下进行。灯光设置要距验质案板上面 70 cm 高处设 2 只 80 瓦的日光灯管，案板最好是浅蓝色的。具备这样条件的验质室，有利于验质和分级。

水貂皮分级应严格按照国家规定的水貂皮分级规格进行，规格标准如下：

1.水貂皮的分级

(1)技术要求。皮形完整，头、耳、须、尾、腿齐全，去掉前爪，抽出尾骨、腿骨，除净油脂，开后裆，毛朝外，圆筒形皮，按标准撑楦晾干。

(2)等级规格。

①甲级皮毛色黑褐，光亮，背腹毛绒平齐、灵活，板质好，无伤残。

②乙级皮毛色黑褐，毛绒略空疏，两侧略显露绒毛或甲级皮质量略差、毛色淡或次要部位稍带夏毛，或有轻微塌脖、塌脊者。

③等外皮不符合甲级、乙级规格的，列为等外。

2.水貂皮的等级比差

(1)质量等级比差。甲级皮为 100%；乙级皮为 75%；等外皮在 50%以下，按质量评价。彩色貂皮暂按 125%。

(2)长度的分级。水貂皮的长度等级按尺码，其尺码标准：

①公貂皮。77 cm 以上为 130%；71～77 cm 为 120%；65～71 cm 为 110%；59～65 cm 为 100%；59 cm 以下为 90%。

②母貂皮。50～55 cm 为 100%；55～60 cm 为 110%；60 cm 以上为 120%；50 cm 以下为 90%。

③公、母貂皮比差。公皮为 100%，母皮为 80%。

根据尺码标准所作的几点说明：

第一，量皮的方法是量鼻尖和尾根的长度。

第二，长度每档交叉时，就下不就上。

第三，上述各等级尺码规定系指统一楦板而言，若不符合统一楦板规格的规定，或母皮上公皮的楦板，公皮上母皮的楦板，一律降级处理。

第四，缺尾不超过 50%；腹部有垂直的白线宽度不超过 0.5 cm；腹后裆秃针不超过 5 cm。皮身有少数分散白针；有孔洞 1 处，不超过 0.5 cm 等均不按缺点论。

第五，自咬伤和擦伤或小伤疤不超过 2 cm^2 者；流针、飞绒轻微者；有白毛峰集中 1 处，面积不超过 1 cm^2 者，按乙级皮收购。严重者按等外皮处理。

第六，受闷脱毛、开片皮、白底绒、灰白绒、毛峰勾曲较重者，按等外皮处理。

第七，开裆不正；缺后腿、缺鼻、撑拉过大，毛绒空疏；春季淘汰皮和非季节性死亡皮；刀伤皮洞；缠结毛均酌情定级。

第八，彩貂皮应用此规格，但要求毛色符合本色型标准，不带老毛。颜色不纯，按标准貂皮规格收购。花貂皮一律按等外皮处理。

3. 水貂皮包装

水貂皮应一丝不苟地按上述等级，分别归类，然后按类包装。包装以 20 张水貂皮为一捆，如一类不足 20 张或余数不足 20 张时，也应作一捆，不应不同等级混为一捆。打捆时，水貂皮应背对背、腹对腹叠好，先用纸条在水貂皮头部缠好，然后在纸条上用绳系好。缚绳应松紧适宜。把包捆好的水貂皮装入长度适宜的木箱内，决不能随便塞入麻袋等软的包装物内，以保证水貂皮能保持干燥后整齐美观的外形，符合水貂皮作为商品的要求。在包装和装箱时，都要清楚标明等级、尺码和皮张数。

第八章　水貂传染病

第一节　水貂阿留申病

阿留申病是水貂特有的一种病程进展极为缓慢的传染病。该病的主要表现是浆细胞增多，血清中丙种球蛋白增高、持续性病毒血症、肾小球性肾炎，伴有母兽空怀显著增加和秋冬季节的大批死亡。本病最早发现于 1946 年，美国、加拿大、瑞典、丹麦、前西德、前苏联和日本等国家已证实该病存在。长期以来本病被认为是一种遗传性疾病，1962 年被证实为病毒性传染病。

一、病原

水貂阿留申病是由阿留申病毒引起。该病毒是细小病毒科细小病毒属成员之一。阿留申病毒的抵抗力很强，能在 pH 2.8～10.0 内保存活力，80℃存活 1 h，在 5℃，于 0.3%的福尔马林中能耐受 2 周，4 周灭活。

该病毒主要存在于感染水貂的血液、血清、骨髓、脾脏、粪尿和唾液中。感染组织的无细胞滤液和离心沉淀沉渣都具有传染性，可在水貂中继续传代，亦可在水貂肾和睾丸细胞培养中繁殖。从感染水貂的脾制得的 DNA 具有传染性，而且 DNA 酶可使之失活。可见本病毒是一种 DNA 病毒。本病毒对热的抵抗力很强，常用的消毒药要作用较长时间才能使之失去活性。用中和试验、补体结合试验和沉淀试验等血清学方法均不能证明病兽血清中有与本病毒发生反应的抗体。用病兽的血清注射健康水貂可复制本病，但此种血清若除去两种球蛋白则失去传染性。在血清中病毒是和丙种球蛋白结合在一起的，所以，即使有抗体存在也是和病原相结合的。

二、流行病学

本病主要感染水貂，对其他动物的感染情况尚不清楚。有人报道雪貂中有类似疾病存在，而且人工感染时雪貂也能发病。水貂易感性无年龄和性别的差异，但水貂的遗传类型与对本病的易感性有密切关系，蓝色和黄色彩貂发病率较高，而黑色和其他颜色较深的水貂的易感性则低得多。这两类水貂不但发病率高低不同，而且育成率和成年后的不妊娠率也有很大差别。本病有明显的季节性。秋冬季节发病率和死亡率均大大增加。

本病的主要传染源是病兽和带毒兽。病毒长期存在于患貂体内，并从尿、粪和唾液中排出而污染外界环境，经过消化道和呼吸道传染健康水貂。另外，考虑到本病有长时间的持续性病毒血症存在，通过节肢动物媒介传播也是可能的。有人报道治疗和预防接种时针头污染可引起本病流行。此外，还可发生垂直传播，即感染母兽可将病传染给仔兽。

本病传入貂群开始多呈隐性流行，随着时间延长和病兽的累积，表现出地方流行性，造成严重损失。

早在 1940 年以前，人们仅养殖“标准黑”或“野生型”水貂，那时常常出现色相变化的情况，但人们认为其毛皮价值很低，所以一般都淘汰处理不留种繁育，当时养殖者们所关注的主要是与饲料有关的问题，以及犬瘟热和布氏杆菌病的发生，因此谁也说不清，在这些最早圈养的水貂中是否存在阿留申病。

三、临床症状

本病的临床特点是潜伏期长、流行慢、感染率高。经胃肠道外途径接种，血液中出现丙种球蛋白升高的时间平均为 21～30 d，自然感染的潜伏期更长，可达 1 年以上。

临床表现分急性和慢性两种。急性表现为突然发病，常看不出任何前驱症状即死亡。有的病貂表现癫痫样发作，口咬笼网，发出刺耳的尖叫声，抽搐、口吐白沫，反复发作几次后死亡。食欲减少或丧失，精神沉郁，逐渐衰竭，死前出现痉挛。病程 2～3 d。慢性病例主要表现为食欲减退或拒食，鼻镜干燥；眼部出现浆液性、黏液性乃至化脓性眼眵，病重者将眼睛全部糊死，时而睁开，时而又粘在一起，反复交替发生；体温高达 40.0～41.5℃；病初粪便正常，有时排出黏液性稀便，后期粪便呈黄褐色或煤焦油样；病貂爪趾间皮肤潮红，随病程发展爪、足垫出现水肿，有的病貂嘴巴、眼睑、肛门或外阴肿胀。

极度口渴，食欲下降，生长缓慢，逐渐消瘦，可视黏膜苍白、出血和溃疡，排出煤焦油样粪便。病貂严重贫血呈恶病质状，最后死于尿毒症。病程为数周。

四、病理变化

阿留申病貂内脏器官的特征性变化主要在肾脏、脾脏、肝脏、骨髓内大量增殖，尤其以肾脏为显著。剖检时可见到肝、肾、脾肿大，肾呈点状出血，或有散在灰白色斑点。所有脏器呈明显的浆细胞浸润，常在血管周围形成套袖。有肾小球性肾炎。重症肝有坏死灶。

血液变化主要表现在浆细胞增多和血清丙种球蛋白量增加。每 100 mL 血清中丙种球蛋白可从正常的 1 g 增至 4～5 g。

五、临床诊断

根据流行病学、临床症状，病理剖检变化即可进行初步诊断，确诊用电泳分析法，碘凝集试验等方法测定血清蛋白含量和应用对流免疫电泳技术。

基层实验室最常用的方法是在貂的后肢趾枕区采血分离血清，取 1 滴血清置载玻片上，加 1 滴新配制的鲁戈氏碘液混合，在 1～2 min 后观察反应。如为阿留申病，则因血清中白蛋白和球蛋白的比例发生改变而出现暗褐色的大块絮状凝聚物。

六、防治

本病没有好的治疗方法。只有改善水貂的营养水平，加强管理，提高机体抵抗力。对症治疗，配合适当的药物（青霉素，维生素 B_{12} 等分别肌内注射）以缓解症状，控制继发感染。

为了控制本病，每年应做两次免疫电泳试验，目前常用的方法为对流免疫电泳法，一次在选定种兽时，一次在配种前。将阳性患兽隔离饲养，到打皮期淘汰。只有双亲都呈阴性的幼兽才能作种用。由于本病的带毒期长，引进种兽时应长期隔离观察，阴性者方可合群。

第二节　貂犬瘟热

犬瘟热是由犬瘟热病毒引起的犬的一种高度接触性、致死性传染病。早期双相体温热型，症状类似感冒，随后以支气管炎、卡他性肺炎、胃肠炎为特征。病后期可见有神经症状出现如痉挛、抽搐。部分病例可出现鼻部和角垫高度角化（硬脚垫病）。

一、病原

本病是由犬瘟热病毒引起的，犬瘟热病毒粒子呈现多形性，多数为球形，病毒粒子的直径为 70～105 nm，亦有畸形和长丝状的病毒粒子。犬瘟热病毒抵抗力不强，对热、干燥、紫外线和有机溶剂敏感，易被紫外线、乙醚、甲醛、来苏儿所杀死；2～4℃可存活数周，室温下存活数天，50～60℃ 6 h可使该病毒灭活。pH 4.5以下和pH 9.0以上的酸或碱环境可使其迅速灭活，但低温冷冻可以保存数月，冷冻干燥可保存数年。

犬瘟热病毒对乙醚敏感，对碱性抵抗力弱。3%苛性碱、3%福尔马林、5%石炭酸等在较短时间内可杀死该病原。

二、流行病学

自然条件下多种皮毛动物对犬瘟热病毒易感。本病一年四季均可发生，但以冬春多发。本病最重要的传染源是鼻、眼分泌物和尿液。曾有人报道感染犬瘟病毒的犬60～90 d后，尿液中仍有病毒排出，所以说尿液是很危险的传染源。没有进行犬瘟热疫苗免疫的容易发病，死亡率较高；免疫日龄早并且免疫次数多的发病率和死亡率较低，甚至不发病；免疫时间过晚，超过两月龄的容易发病。

本病多发生春天，非配种期进展比较慢，成年水貂对该病毒具有一定的抵抗力。公貂流动可促使本病传播。公貂配种能力下降，母貂大批空怀及胚胎被吸收，分窝后，幼貂发病率高达50%～80%。

三、临床症状

潜伏期9～14 d，最长不超过一个月。急性型突然发病，常看不出任何前驱症状即死亡。有的病貂表现癫痫样发作，口咬笼网，发出刺耳的尖叫声，抽搐，口吐白沫，反复发作几次后死亡。病貂一般呈慢性经过，病貂精神沉郁，被毛蓬乱无光泽，食欲减少或废绝，拉稀，粪便呈深绿色，灰白色并带有未消化食物，尿液呈黄色。体温升高达40.5℃以上，到濒死期体温降到39.5℃以下。流鼻液，多为浆液性。其中最明显的症状为在发病初期，病貂脚掌局部出现疱疹，疱疹破裂流出黄绿色脓汁，以后脚掌部出现广泛肿胀，有的比正常大 3～4 倍。脚软垫部发炎结痂变硬。在鼻、嘴唇部皮肤上形成水泡状疹，化脓破溃形成结痂和痂皮。出现严重的结膜炎，眼周围被毛脱落，皮肤结痂。更严重者，全身皮肤都形成结痂，被毛内有大量糠麸状鳞片，并从皮肤上发出难闻恶臭的气味。病程迁延到一定程度，眼裂和耳周围发炎，眼睛眯缝不能睁开。病貂肛门外翻，黏膜上也有结痂，病貂蜷缩在窝内不出，强迫出窝，常发出微弱嘶哑的叫声，爬在笼底，全身颤抖个别急性病例，病程较短，出现神经症状，运动失调，四肢麻痹，有的尖叫扑向笼子，直至抽搦，口吐白沫而死亡。

四、病理变化

鼻镜干裂，鼻腔内有卡他性或脓性黏液，眼睑肿胀，眼角有分泌物。死尸全身皮肤增厚，结痂，有大量皮屑，脚掌肿大。尸体消瘦，在肛门周围和臀部或两腿内侧被粪尿沾污。肝脏有点状出血，呈樱桃红色，胆囊肿大，内有大量绿色胆汁，脾脏变化不太明显。在肠内有黄绿色黏稠液体附着在肠黏膜上，直肠黏膜上有点状或带状弥漫性出血。脚掌广泛肿胀，软垫部皮肤变厚、变硬；肺脏可见充血、出血、水肿和间质性肺炎。胃黏膜有卡他性炎症，胃覆盖以黏稠暗红色液体，常见有出血和带有边缘不整齐的糜烂和溃疡，小肠及大肠黏膜有点状和带状出血；肾被膜下有点状出血，切面纹理不清，肾上腺皮质变性，膀胱黏膜有充血和出血；心外膜有点状出血，脑膜血管显著充血，胸腺萎缩呈胶胨状。

五、临床诊断

根据流行病学、临床症状及剖检病理变化可初步诊断。确诊需要进行实验室的包涵体检查、病毒分离、动物接种试验、电镜观察等。

(1)包涵体检查。包涵体主要存在于膀胱、气管、胆管、胆囊、肾和肾的上皮细胞内。一般检查用组织切片，H. E 染色效果比涂片效果好。刮取病死貂的膀胱、肾盂、胆囊等组织黏膜，放于载玻片上，滴加 1～2 滴生理盐水，研磨均匀摊成标本片。干燥后用甲醇固定 3 min 自然干燥后，用苏木素染色液加温染色 20 min，水洗，再用 0.1%伊红水溶液染色 5 min。干燥后镜检，细胞核为蓝紫色，细胞浆为玫瑰色，包涵体呈红色，为圆形或椭圆形，具有清晰的边界和均质的边缘。在一个细胞内可见 3～5 个包涵体，在细胞浆内较多，细胞核内较少。

(2)病毒分离。用 SPF 鸡胚绒毛尿囊膜接种进行病毒分离，在实验室取死亡水貂的病料，脑、肝、脾制成 1∶4 的悬液，经无菌处理后接种 8 日龄 10 枚 SPF 鸡胚绒毛尿囊膜，另取 3 枚鸡胚不接种病料做对照，每胚接种 0.1～0.2 mL。在孵化器内孵化或在 37.8℃温箱内培养，3 d 后观察鸡胚的变化，见鸡胚出血，发育变小，尿囊膜水肿，在尿囊膜上有灰白色不透明物，7 d 后再观察鸡胚的变化，鸡胚萎缩，皮肤出血，尿囊膜上形成菌落样物增厚似痘斑状，水肿。将绒毛尿囊膜用 10%福尔马林保存，做病理切片观察病毒的形态。另将绒毛尿囊膜用研磨器研磨制成匀浆，用高速离心机高速离心后取沉淀物直接观察病毒的形态。

(3)动物接种试验和病毒再分离。取典型病例的脑、肝、胸腺、脾脏和淋巴结等病料，采用离心或抽滤及抗生素等方法进行无菌处理，再用 0.9%生理盐水制成 10%混悬剂。在 80～100 日龄的雪貂脑内接种 0.5～1 mL，8～12 d 后出现相应的临床症状，发病 5～6 d 后死亡。取死亡雪貂的脑、肝、脾制成 1∶4 的悬液，按上法进行鸡胚接种和电镜观察，出现相同的鸡胚和痘斑变化及观察到相同形态的病毒。说明雪貂中分离的病毒与水貂自然发病分离的病毒是完全相同的。

(4)电镜观察。将绒毛尿囊膜做超薄切片和尿囊膜处理物进行病毒观察，可发现犬瘟热病毒；在超薄切片中病毒为球形、椭圆形、梨形、长杆棒状形、黄瓜形等，大小为 100～600 nm，病毒具有双层囊膜，囊膜表面上有长 1.3～2 nm 的纤突，病毒颗粒内部有“峭样结构”。在尿囊膜处理物中为不规则形，直径大小为 200 nm，纤突不明显。

(5)间接免疫荧光抗体法。取死亡水貂的脏器（肝、脾、肺、膀胱等）中采集病料并做成冰冻组织切片，用间接免疫荧光法检查组织细胞，病毒阳性组织中呈现苹果绿色荧光，阴性呈现土黄色荧光。

(6)鉴别诊断。因犬瘟热临床症状复杂，且常伴有混合感染或继发感染。因此，在诊断上应注意与狂犬病、伤寒、传染性肝炎和钩端螺旋体病等进行鉴别。

与狂犬病的区别：犬瘟热无喉头咬肌麻痹，无攻击性；

与伤寒的区别：伤寒由沙门氏菌引起，用抗菌素和磺胺类药物治疗有效，而犬瘟热同时出现呼吸道症状和皮疹，有神经症状，抗菌素治疗无效；

与传染性肝炎的区别：暂时性角膜混浊，出血后凝血时间延长，剖检出现特征性的肝病变及体腔有出血样渗出物，犬瘟热无此变化；

与钩端螺旋体病的区别：无呼吸道和结膜炎症，有明显黄疸。

六、防治

(1)预防。建立健全严格的兽医卫生制度，并严格实施，是预防本病发生的重要保证，是杜绝本病发生的关键；根据疫病流行情况，制定相应的免疫程序，用正规厂家生产的弱毒苗进行常规防疫。

(2)治疗。对本病的治疗，目前尚没有特效药物，采取综合措施。病貂进行隔离饲养，控制传染源，注射犬瘟热单克隆抗体，抗生素(同时每只用卡那霉素 8 万 IU、病毒唑 0.4 mg 等进行辅助治疗,连用 3～5 d ,防止继发感染)。辅助治疗继发感染;对健康群进行水貂犬瘟疫苗的紧急接种,保护易感动物;全群补充糖、维生素、矿物质等营养物质,增强体质,提高貂群抗病能力;对饲养人员进行封闭化管理,加强养殖场内犬的管理,杜绝用死亡水貂尸体饲喂貂群,切断传播途径;全场进行环境消毒。

第三节 貂病毒性肠炎

水貂病毒性肠炎是以胃肠黏膜炎症和坏死、白细胞高度减少为特征的急性病毒性传染病。幼龄水貂有较高的发病率和死亡率,据统计流行时造成巨大损失,是世界公认的危害水貂饲养业比较严重的病毒性传染病之一。

一、病原

本病病原为细小病毒(*Parvoviridae*),属于细小病毒科,细小病毒属。细小病毒属以小鼠病毒(MMV)为其代表种。其主要成员包括阿留申病毒(ADV)、牛细小病毒(BPV)、猫泛白细胞减少症病毒(FPV)、貂肠炎病毒(MEV)、犬细小病毒(CPV)、兔细小病毒(LPV)、猪细小病毒(PPV)、鹅细小病毒(GPV)以及番鸭细小病毒(MPV)等。到目前为止,只发现其中少数病毒能引发有明显临床症状的传染病,而大多数呈潜伏或持续感染状态。

细小病毒粒子为立体对称的二十面体,无包膜。其 DNA 约占整个病毒粒子重量的 25%～34%,分子质量为 1.4×10^6～1.7×10^6 u(原子质量单位),沉淀系数为 23～27 s。细小病毒对外界理化因素的抵抗力非常强。细小病毒几乎都有凝集红细胞的特性,血凝和血凝抑制试验是鉴定本病毒和诊断本病的方法。

二、流行病学

在自然条件下，感染猫科和鼬科动物，虎、豹、狮子和浣（涣）熊，但以体型较小的猫科动物和水貂易感。本病的传染源是患病或带毒的水貂和患乏白细胞症的猫，还可以通过野鸟从污染貂场将病毒携带入安全场。另外，蝇类、禽类、鼠类在本病的传播中起重要作用，饲养人员的手套和用具也可传播病毒。

水貂肠炎病毒和猫乏白细胞减少症病毒有抗原关系，用猫乏白细胞减少症病毒制成的弱毒疫苗，能使水貂获得抵抗水貂病毒性肠炎病毒的免疫性。水貂感染猫乏白细胞减少症病毒后临床表现出与水貂病毒性肠炎相似症状，但水貂的病毒性肠炎病毒不能感染猫。

据报道，耐过病毒的水貂，一年内可由粪便不断向外排毒。从病愈一年之久的水貂肝、脾中仍然可检出病毒。本病的发生没有季节性，全年均可发生，初春开始流行时扩散比较慢，临床症状不典型，死亡较少，呈地方性流行，慢性传染，经过一段时间毒力增强以后转为急性。特别是仔貂分窝后，大批发病，大批死亡。（母貂带毒，从母乳中获被动免疫）。流行过病毒性肠炎的貂场如不采取措施，第二年仔兽分窝后（7 月份）会再次爆发流行，造成大批仔兽死亡。近来研究，病毒可以穿过胎盘屏障与分化活跃的细胞有亲和力，例如胎儿及新生仔兽的小脑细胞有亲和力。

三、发病机制

本病毒对处于有丝分裂过程中的细胞有亲和性，所以大多数病变都发生在旺盛增殖的细胞组织中，例如骨髓的干细胞，淋巴结的淋巴小结生发中心、胃、肠黏膜。造成骨髓、淋巴受害，骨髓液化，迅速发生白血球减少，肠系膜淋巴结水肿、坏死。胃肠黏膜受害，肠黏膜充血，坏死，脱落。尤其是空肠，回肠黏膜发生坏死严重。

四、临床症状

潜伏期为 9 d。分为超急性型、急性型和慢性型。

(1)超急性型。病貂不出现腹泻,食欲废绝后 12～24 h 内死亡。该病的主要特征为腹泻,在粪便中含有灰白色的由脱落肠黏膜、纤维蛋白和肠黏液组成的管柱状物,白细胞显著减少和严重的胃肠炎性变化。该病多发于 6～10 月,幼貂发病率可达 50%～60%,致死率高达 90%;成年貂发病和死亡率一般为 20%左右。

(2)急性型。体温升高,呕吐,下痢。体温升高 40～40.5℃,排出混合血液黏膜的黏稠条状粪便或脱落肠黏膜样的黏稠稀便,多呈乳白色、粉红色、黄绿色。有的出现柱型粪便(黏液粪样)是由剥脱的肠道黏膜,纤维蛋白,肠道内黏液等组成,形成条柱样粪便,以粉白色、浅红、浅黄色、煤焦油状为多,粪便的颜色与肠黏膜坏死程度有关。食欲废绝,渴欲增高。7 d左右死亡。

(3)慢性型。患貂耸肩弓背,呕吐,被毛蓬乱,精神沉郁,排便频繁但量少,粪便为黏稠状,常混有血液,呈灰白色,粉红色,灰绿色,有的排出灰白色条柱型粪便。食欲不振病程较长 7～14 d。下痢后脱水,病貂极度虚弱,消瘦死亡。

五、病理变化

超急性和急性死亡的尸体营养良好,慢性经过的尸体消瘦。病变主要表现在胃、肠道与肠系膜淋巴结。胃一般空虚,含有少量的出血性黏液和胆汁色素(黑褐色)。胃黏膜充血特别是幽门部,有的出现溃疡。肠管呈鲜红色,血管充盈,肠壁增厚,呈急性卡它性出血性肠炎症变化。肠内容物混有少量血液和纤维物质。急性病例肠内容物完全是暗红色血液。有些肠内容物呈黄绿色水样物。病程较长的一般肠管空虚,肠壁菲薄,肠系膜淋巴结肿大、充血、水肿,胆囊充盈。胃内空虚无实物,腹腔有积液,浆膜面有纤维素性覆盖物。小肠中段和后段肠腔扩张，浆膜充血，肠内容物水样并混有血液，肠黏膜严重脱落，呈暗红色，外观呈血肠样。肠系膜淋巴结索状肿大、充血、出血。有的病例，整个小肠表现充血和明显出血，黏膜上皮坏死和脱落。肠系膜淋巴结多数肿胀，部分脾肿，胆囊充满胆汁，肝呈土黄色、质地脆弱。

六、临床诊断

根据流行病学，临床症状，大批发病和急性传染，严重腹泻，白血球显著减少，小肠病理切片上皮细胞增大有包涵体出现(病程超过 3～4 d 以上，包涵体消失)，可做初步诊断。确诊本病必须依靠用无病毒性肠炎健康幼貂进行生物学试验；琼脂凝胶扩散试验；病毒电镜检查，采病貂粪便，直接与等量 PBS 液混匀，以 3 000 r/min 离心 10 min，取上清液加等量氯仿振荡 15 min，同样方法再处理 1 次，取上清液滴于铜网上，用 2% pH 6.2 的磷钨酸复染后，在电镜下检查，发现有大量聚集的病毒粒子；血清学检查，取病貂的粪便，用 0.5%的猪红细胞做指示系统，用抗貂肠炎血清做血凝及血凝抑制试验，红细胞的凝集作用发生抑制。

七、防治

治疗原则：胃肠炎的治疗原则是加强饲养管理，除去病因，清理胃肠，保护胃肠黏膜，维护心脏机能，预防脱水和自体中毒。

隔离饲养：病貂单独隔离饲养，每只病貂肌内注射抗貂病毒性肠炎血清 3 mL，每日 1 次，连用 3 次。病初应先禁食 1～2 d，给予充足的加有电解多维的温水。

紧急接种：假定健康貂群用貂病毒性肠炎疫苗进行紧急接种。

对症疗法：为了缓解呕吐症状可肌内注射爱茂尔 1.0 mL，排血痢者肌肉或皮下注射止血敏 0.125～0.250 g，防止继发感染则肌注恩诺沙星或庆大霉素。

综合治疗：重病貂及时进行强心、补液。复方氯化钠 20～50 mL，阿莫西林 0.2～0.5 g，利巴韦林 1～2 mL，地塞米松 1～2 mL，维生素 C 1～2 mL，静注或腹腔注射。恢复期应控制饮食，给予稀软易消化的食物，少量多次，逐渐恢复到正常饮食。

预防：貂场禁止养猫、犬，并隔绝与这些动物的接触。注意消灭老鼠，消灭各种吸血昆虫及害鸟等。搞好环境卫生，定期进行消毒。病死的貂尸体深埋或焚烧处理，地面及场地用 3% NaOH 消毒，笼舍用火焰消毒，用具用百毒杀消毒液清洗消毒，每天 1 次，连续进行 7 d，粪、尿等排泄物及时进行无害化处理。定期消毒结合批次消毒，每次经彻底消毒 1 个月后，重新进貂。坚持预防接种，合理免疫。在平时的防疫工作中，搞好母源抗体监测，根据母源抗体水平的变化情况和当地疫情的流行动态，科学、合理地确定免疫时间、制定免疫程序，适时地进行免疫接种，才能取得良好的经济效益。

第四节 水貂伪狂犬病

水貂伪狂犬病又称阿氏病，是感染多种动物与由滤过性病毒侵害中枢神经系统、以皮肤呈剧痒为特征的急性传染病。水貂对此病极为敏感，有的貂场发生本病，水貂死亡率高达 74%，给生产带来巨大的经济损失。

一、病原

伪狂犬病病原属于疱疹病毒科。PRV 属疱疹病毒科疱疹病毒甲亚科，暂定水痘病毒属，病毒粒子呈椭圆或圆形，无囊膜粒子直径为 110～150 nm；有囊膜的成熟病毒粒子直径 180 nm。囊膜表面有呈放射排列的纤突，长 8～10 nm，DNA 分子质量为 87×10^{6}。

PRV 是疱疹病毒中抵抗力较强的一种。在物体表面和液体中可存活 7 d。在 pH 4～9 之间保持稳定。腐败条件下，病料中的病毒经 11 d 失去感染力。PRV 对乙醚、氯仿等脂溶剂，福尔马林和紫外线照射等敏感。5％石炭酸经 2 min 灭活，0.5％～1％氢氧化钠使其灭活。对热的抵抗力较强，55～60℃经 30～50 min 才能灭活，80℃经 3 min 灭活。

二、流行病学

在自然条件下，除牛、羊、猫、猪及啮齿类动物外，毛皮动物水貂、狐狸和北极狐狸等均易感。特别是喂猪下水及杂肉类饲料时易感伪狂犬病；另外，鸡、鸭、鹅及人均可感染伪狂犬病。

病兽和带毒的下杂肉类饲料，是水貂的主要传染来源。猪是伪狂犬病毒的主要宿主，其本身症状不明显，多呈隐性，猪自然带毒 6 个月以上。

伪狂犬病病毒侵入机体的主要途径是消化道。当水貂皮肤有外伤也可能感染，口腔黏膜有外伤时，更易感染伪狂犬病。

三、临床症状

经过一段潜伏期后，首先出现的是食欲减退，拒食或完全停食，做咀嚼运动，用前肢搔抓颜面或头部，在笼内进行不停的转圈运动，多数病例开始出现精神不振或沉郁，继而出现神经症状，发生痉挛，全身抽搐。多数病例发生四肢不全麻痹，特别是后肢无力，不能起重，时而呈犬坐姿势。对外界刺激敏感性增强，稍加刺激即可发生痉挛、尖叫、仰卧、翻滚等，可在短时间歇的情况下，可再发作，并反复多次。有些病例呈昏睡状直至死亡。有些病例体温可升高 0.5～1.0℃，但有些病例并无体温反应，多数病例在死亡前的一段时间体温往往下降到正常值以下。呈现腹式呼吸。病程 6～24 h，有些可长达 1.5 d。

四、病理变化

死貂一般营养良好,舌尖部常有咬伤出血，血液可见于口腔内和鼻孔周围。皮下和体表淋巴结无明显变化。少数皮质淋巴结的生发中心出现淋巴细胞坏死，并且网状细胞肿大和吞噬细胞坏死。淋巴窦的网状细胞肿大、增殖和脱落，其中还有血液成分。心脏高度扩张，心脏内充满凝固不良的血液，心内膜下出血，有时心外膜也见出血，心包液增量,心肌纤维发生水泡变性心肌瘀血，并有程度不同的出血。肺脏多呈现较大面积的瘀血和散在针尖大出血点,小叶间静脉、中央静脉和叶下静脉高度扩张并充盈血液。肝脏颜色发黄，并见小叶中央明显淤血,主要呈颗粒或脂肪变性。肾脏未见显著改变,肾小球和肾脏血管扩张淤血,肾曲细精管上皮发生严重颗粒变性，变性的上皮细胞高度肿胀，致使管腔几乎消失。有些病例曲细精管上皮细胞发生玻璃滴状变直细尿管上皮细胞多呈水泡变性。脾脏不肿大，有时因含血量较多而色泽变深,有不同程度的瘀血，白髓体积缩小出血，淋巴细胞减少，有的白髓中心部可见细胞坏死小灶。胃黏膜面多有暗红色或褐红色黏稠的血样液体附着，胃黏膜一般无明显改变。小肠和大肠黏膜都不见病理变化,在十二指肠或空肠起始部的肠腔内有时也能见到暗红色的血样内容物。肠系膜淋巴结未见异常变化。脑膜见轻度瘀血，脑和脊髓肉眼检查不见明显变化。脑膜和脑血管扩张瘀血，大脑的神经细胞变性，其中多呈浓缩状，也有呈肿大淡染的。脑干部神经细胞、小脑浦金野氏细胞和脊髓神经细胞都发生严重变性，甚至坏死。此时可见多数神经细胞不同程度的肿大，胞浆和细胞核淡染，有的已发生溶解，严重变性的神经细胞有的已出现噬神经元现象。

五、临床诊断

根据流行病学、特征性临床症状及病理学变化特点，进行综合分析，可以做出初步诊断，为了进一步确认，可进行血清学和生物学试验。

可无菌采取刚死于伪狂犬病的动物脾、肝等脏器，制成 1∶5 组织悬浮稀释液。为了防止污染，每毫升乳剂加入 500～1 000 IU 的青、链霉素。离心后取上清液 1～2 mL，接种实验动物兔，有的兔将接种部位咬破，甚至露出骨头，最后死亡。

六、防治

目前尚无特效疗法。发现伪狂犬病后，应立即停喂被伪狂犬病污染的肉类饲料，同时用抗生素和磺胺类药物控制继发感染。患过病的水貂可获得长久的高度免疫。

第五节　巴氏杆菌病

多杀性巴氏杆菌是引起畜禽及人的巴氏杆菌病的病原体，主要使动物发生出血性败血症或传染性肺炎。动物发病后常呈急性、亚急性及慢性经过。急性型呈败血症变化，黏膜和浆膜下组织血管扩张、破裂、出血等；亚急性型表现为黏膜和关节部位呈现出血和浆膜的—纤维素性炎症变化；慢性型表现为皮下组织、关节、各脏器的局限性化脓性炎症。该病常见于鸡、兔、猪和羊，而巴氏杆菌感染对毛皮动物饲养危害很大，经常造成严重的经济损失。

一、病原

本病病原为多杀性巴氏杆菌，长 0.3～1.0 μm，宽 0.25 μm，革兰氏染色为阴性。组织涂片染色时两极浓染，没有鞭毛和芽孢及明显的荚膜。在培养物内生成圆形、卵圆形或不定长度的杆菌。

本菌抵抗力不强，在 50℃时 30 min 被杀死，58℃时经 20 min 被杀死，70℃～90℃时经 5 min 被杀死，煮沸后立即死亡，但在 −79℃ 时仍不死亡。在腐败组织及土壤内能存活 3 个月，在粪便内存活 14 d，在禽粪内能存活 72 d，在谷粒内能存活 44 d。多种消毒药很快杀死病菌，1∶5 000 升汞和 5%石炭酸溶液 1 min 内杀死病菌，3%的来苏儿、10%石灰乳和 1%漂白粉溶液经 3～10 min 杀死，2%～3%甲醛溶液 3～5 min 杀死病菌。

二、流行病学

水貂、紫貂、海狸鼠、银黑狐、兔和毛丝鼠等对巴氏杆菌易感。各种年龄的水貂均可感染本病，以幼龄最易感。

本病的传播途径是消化道、呼吸道及损伤的皮肤和黏膜。经消化道感染时则突然发病，并很快大量传播；如经呼吸道或损伤的皮肤和黏膜感染时，常呈散发流行。

我国自 1958 年首次报道水貂巴氏杆菌病以来，近年来对该病的报道不断增加，并日趋严重。巴氏杆菌病的传染源有两种学说，一种认为是内源性感染，认为巴氏杆菌存在于正常的动物体内，特别是呼吸道内，当遇到某些应激因素的影响，抵抗力降低时就可能趁机入侵体内并引起发病。另一种认为本病是由外源性感染所致。根据调查及大量的报道材料表明，水貂巴氏杆菌病主要是由外源性感染所致。

传染来源主要是饲喂患有巴氏杆菌病的畜禽肉及其副产品，尤其是饲喂未经杀菌处理的畜禽屠宰废弃物最危险。被巴氏杆菌污染的各种饲料、饮水以及其他带菌或患病畜禽和人员进入貂场，都可传染本病并引起流行。本病一经发生，不易根除，可使貂群长期带菌，这些带菌者也是一种重要的传染源。本病可通过消化道、呼吸道以及损伤的皮肤黏膜等侵入机体。当饲喂污染的饲料经消化道感染时，可迅速引起流行。如通过其他途径感染，可能为散发。

水貂巴氏杆菌病一般无季节性，但多发生于春、夏及秋季，其诱因多为天气骤变，长途运输，长期饲喂不全价饲料及患有其他慢性疾病，卫生条件差、饲养管理不严等都可能促进本病的发生和发展。水貂巴氏杆菌病多为急性经过，最急性者看不见明显症状即发病死亡。一般病程为2～3 d。其发病率及死亡率根据发病原因及防治措施的正确与否密切相关。发病率可达65%以上，死亡率90%。幼貂的发病率和死亡率均高于成貂。

三、临床症状

水貂巴氏杆菌病多呈急性经过，死亡率高，多发于当年幼貂。急性型未出现临床症状突然死亡或出现症状后一两天死亡。病初食欲减退，后期废绝，病貂很少活动，躺在小室不动，体温升至41℃，鼻镜干燥，呼吸困难，有时出现四肢麻痹，通常在昏迷或痉挛中死亡。有的病貂经4～5 d消瘦死亡。有的貂突然发病，体温升高，心跳加快，呼吸困难，个别病例从鼻孔流出血样泡沫，有时呕吐，呕吐物呈酱色液体，下痢，粪便中混有脓血，黏膜贫血或黄染，常在抽搐过程中死亡。出现心悸和呼吸困难，体温达到40.8～41.5℃。

四、病理变化

本病主要以各实质器官、黏膜、浆膜出血点为特征。头部、鼠蹊部、颈部皮下水肿，并有小出血点体表淋巴结肿大，胸腔积存淡黄色渗出液，胸膜有小出血点，心内外膜、冠状沟有点状或条状出血，肠系膜、浆膜有出血点，肝肿大，有多量出血点和小坏死灶，脾肿大，呈暗红色肾脏有出血点肠系膜淋巴结肿大，暗紫色，有出血点气管及肺表面也有多量小出血点。

剖检病尸，出血性变化是本病的主要特征。心包增厚，心肌弛缓，右心室心壁变薄，相当于左心室的1/4，心冠状沟脂肪浑浊肿胀，心耳和心内外膜有散在性出血点。肝肿大，切面外翻，肝边缘实质中有小豆粒大黑色出血性坏死病灶。脾脏变化尤为明显，在脾脏实质内有散在的黄豆粒大小黑色出血性梗死，尤以边缘明显。肺充血水肿，间质增宽，有散在的灰白色坏死灶，切面呈大理石状外观。左肾大于右肾呈淡黄色。脑软化如泥。胃内容物呈黑褐色，胃底黏膜皱襞上呈红褐色。肠黏膜大量脱落，内有大量黏液脓性粥状物附着。

五、临床诊断

根据流行病学、临床症状和病理变化可做出初步诊断。确诊需要做实验室检查。

镜检：取肝、脾和心血涂片，革兰氏和瑞氏染色。革兰氏染色，细菌为革兰氏阴性菌，呈两端钝圆，单个存在；瑞氏染色，发现典型的两端浓染的短杆菌。

细菌分离培养：将病料在无菌条件下接种于血液琼脂上和麦康凯琼脂，37℃恒温培养24 h，在血液琼脂上生长良好，形成灰白色、圆形、露滴状、不溶血的小菌落。涂片、染色、镜检为革兰氏阴性短杆菌，在麦康凯琼脂上不生长。

动物接种：取小白鼠8只腹腔注射肉汤培养物悬液0.3 mL，结果8只在24～48 h内全部发病死亡，并从病死小鼠的血液、肝脏、肾脏的病料中检出与上述同样的细菌。

药敏试验：在血琼脂平板上的抑菌圈直径为：青霉素20 mm、卡那霉素16 mm、链霉素16 mm、庆大霉素12 mm、强力霉素12 mm，分离的细菌对青霉素、卡那霉素和链霉素敏感。

本病需注意与副伤寒、犬瘟热、伪狂犬病和肉毒中毒等进行区别。

副伤寒主要发生在仔兽,常在皮下、骨骼肌上出现明显黄疸。细菌学检查能分离副伤寒杆菌。

犬瘟热为高度接触性传染病,有典型的浆液性化脓性结膜炎,侵害神经系统,出现麻痹和不全麻痹。

伪狂犬病在银黑狐中有典型头面不抓伤,呕吐和流涎。病兽啃咬笼网。

肉毒中毒病初 1～2 d 即发生大批死亡,内脏器官缺乏出血性变化。特征是肌肉松弛,瞳孔散大。在动物性饲料及死亡的狐狸内脏器官中可发现肉毒杆菌毒素。

貂巴氏杆菌与貂丹毒、貂瘟热、貂阿留申病在传染源、流行病学和病理变化等有很多相同之处,因此,必须进行鉴别诊断方可确诊为貂巴氏杆菌病。这些病的相同之处是,各种品种、年龄的貂均能感染,并且除貂阿留申病外,多呈急性败血症经过,死亡率都很高病理变化,多数器官出血,脾脏瘀血,肝脏肿大;貂巴氏杆菌病的病原是多杀性巴氏杆菌,貂丹毒的病原是猪丹毒杆菌,而貂瘟热和貂阿留申病的病原都是病毒。病理变化貂丹毒脾脏肿大、瘀血,肾脏有大小不等的出血点,貂瘟热粪便犹如煤焦油样,趾肿胀,严重的出现水泡或溃疡,阿留申病的肝、肾、脾具有特征性病变。肾脏肿大,呈灰白色或黄褐色,有出血点或灰色斑点。脾脏肿大,呈深红色。肝脏增大,呈红色。

六、防治

水貂巴氏杆菌病发病急,往往来不及治疗就大批死亡。因此,本病应以预防为主。首先应搞好貂场卫生,把好饲料质量检查关。增强机体抵抗力,采取定期预防接种,最好每年春秋两次免疫,即可达到预防的目的。发生本病后,首先应迅速查清传染来源和传播途径,及时隔离和治疗病貂。

本病的特效治疗方法是应用巴氏杆菌多价高免血清。一般成貂皮下注射 10～15 mL，幼貂注射 5～10 mL。对可疑病貂也应该用高免血清进行防治，同时及早应用抗生素和磺胺类药物具有良好的预防和治疗效果。巴氏杆菌对氯霉素最敏感，其次是红霉素、青霉素、链霉素、庆大霉素等。对发生本病的貂场，除治疗病貂外，对假定健康的同群貂可采取在饲料中加入抗生素或磺胺类药，用药物进行治疗和预防。

第六节　大肠杆菌病

水貂大肠杆菌病是幼龄狐的一种细菌性传染病，常呈败血性经过，伴有严重的下痢并侵害呼吸系统和中枢神经系统，是对幼水貂危害较大的细菌性传染病之一。成年水貂患本病常引起流产和死胎。本病的发生与环境条件有密切关系，尤其是天气骤变，阴雨连连，圈舍潮湿，饲养管理不良，饲料质量低劣，引起消化不良时，易发生该病，如不及时治疗会造成大批死亡。

一、病原

大肠埃希氏杆菌是引起人和多种动物大肠杆菌病的病原，该菌常侵害幼水貂，临床上以腹泻和毒血症为主要症状。由于大肠杆菌传播速度快，易爆发，对养狐业危害极大。

水貂大肠杆菌病病原为大肠杆菌（*Escherichia coli* 或 *E. coli*），Escherich 在 1885 年发现的。大肠杆菌的变种较多，根据血清型分为 200 余种。

大肠杆菌菌体长 1～3 μm，宽 0.6 μm，为两端钝圆的小杆菌，在体内呈球菌状，常单个排列，偶排列成短链。无荚膜，无芽孢，有运动性，为革兰氏阴性菌。

大肠杆菌抵抗力不强，一般消毒药（石炭酸、升汞、福尔马林）5 min 即可被杀死。55℃经 2 min，60℃ 经 15～30 min 死亡。在半固体琼脂培养基上面覆盖凡士林油层，可保存 3 年以上。

二、流行病学

在自然条件下，貂、狐均易感。带菌动物是本病的主要传染源。被污染的动物性饲料和饮水也是重要的传染因素。

本病常自发感染。在机体抵抗力下降的情况下，正常存在肠道内的细菌大量繁殖，毒力不断增强，破坏肠道侵入血液，引发本病。母兽妊娠和哺乳期营养不良，会使仔兽发育不良；仔兽断乳后饲料质量差，环境温度急剧变化等都易导致机体抵抗力降低。

水貂夏季大多饲喂冷冻饲料，冲洗饲料的剩水富含蛋白质，污染环境，导致蚊蝇大量滋生，造成貂场大肠杆菌病的流行（Elsheikh 等，1998）。本病以严重腹泻和败血症为特征，其主要是通过内源性感染或通过消化道传播。致病菌血清型主要为 O8（约占 53.8 %）、O141（约占 23.08 %）、O81（约占 15.38 %）、O101（约占 7.7 %）。断奶前后的幼貂、1 月龄的仔貂最易感，其发病率达 28%以上，致死率为 81.3%，多呈暴发性流行。成年貂及老年貂很少发病。病的发生有一定的季节性，北方多见于 8～10 月份，南方多见于 6～9 月份。饲养管理不良、卫生环境不好及母貂泌乳不足等可促进该病的流行。

三、临床症状

发病初期，病貂食欲减退，进而完全废绝。病貂很少活动，躺在小室内不动，粪便呈黄色液状，然后下痢加剧，粪便呈灰白色，或暗灰色，带黏液，常常有泡沫，有时出现呕吐。肛门四周、尾部、后肢被粪便污染，被毛常粘在一起，病貂很快恶化及衰弱，体温上升 40℃，经 2～3 d 死亡。慢性病例经 5～6 d 死亡。

病貂精神沉郁，厌食，有的食欲废绝，被毛粗乱无光，呆立，有的卧地，拉稀，排出淡黄、灰白或褐色粪便，带黏液，有的排出混有血液或煤焦油状粪便，恶臭，肛门周围被粪便污染。口流白沫或血水，最后昏迷抽搐死亡。

四、病理变化

急性亚急性病貂剖检可见脾瘀血性肿大；胃黏膜充血肿胀，肠黏膜充血肿胀；有小出血点，呈现卡他性出血性肠炎变化；淋巴结肿大、有时可见小出血点；心内膜和心外膜有出血点。慢性经过的病貂，严重衰弱，贫血。在肠道中有大量暗灰色或黄灰色黏液，黏膜肿胀，有单个或多个出血点。肠系膜淋巴结显著肿大，切面充血和溢血。肝脏稍微肿大，灰黄色，脾脏增大 2～3 倍，有点状瘀血。心肌呈煮肉样。胃黏膜有出血点或出血斑，胃肠内充满棕色黏液，腹水增多，肠道鼓气明显；全身淋巴结肿大，尤以肠系膜淋巴结为重，外观黑紫色，切面多汁，肝肿大、质脆，表面有点状出血；心肌呈淡红色，心内膜有点状或带状出血；肺表面大量出血；膀胱积尿。

五、临床诊断

根据发病情况、临床症状、剖检病变及实验室检验即可确诊。

取病貂心、肝、脾、肾、肠及心血涂片，镜检，革兰氏阴性，大小为(2～3)×(0.8～0.6) μm 的杆菌，无荚膜，不生成芽孢。细菌培养及鉴定，分别取肝、脾、肾等病料，于培养基中 37℃恒温培养，24 h 观察结果。普通琼脂斜面上生长出光滑、灰白或微黄菌落，菌落直径为 2～4 mm，湿润，闪光、稍不透明，中央隆凸，圆形，边缘整齐、呈颗粒状。马丁肉汤 24 h 呈均匀混浊，24～48 h 出现多量沉淀。取肝、肾马丁肉汤 24 h 培养物，分别于普通琼脂斜面中分离培养，24 h 后挑选典型菌落，划线接种在远藤氏培养基上，24 h 菌落呈粉红，光滑，边缘整齐，呈圆而中间隆起的颗粒状；在伊红—美兰培养基上 24 h 菌落呈黑蓝色有金属光泽。生化特性，乳糖和三铁糖培养，24 h 均产酸产气，硫化氢试验阴性；靛基质阳性。

胃肠内容物毒素检验：无菌吸取胃和十二指肠内容物适量，用生理盐水 1∶1 稀释均匀后，加入灭菌离心管中，经 3 000 r/min 离心 30 min，吸取离心上清液，给 5 组（每组 4 只）小白鼠（体重 13～15 g）腹腔内注射，分别为 0.5 mL，0.4 mL，0.3 mL，0.2 mL，0.1 mL。空白对照组 4 只，每只注射生理盐水 0.5 mL，20 h 后观察，除空白对照组 4 只小白鼠无异常外，其他各组全部死亡。

药敏试验：挑取生长典型的菌落均匀涂布于普通琼脂平板上，用多种抗菌药纸片做抑菌试验，该菌对环丙沙星、培氟沙星、丁胺卡那霉素、氟哌酸高敏；对青霉素、链霉素、磺胺嘧啶不敏感。

六、防治

治疗时全群水貂培氟沙星按说明拌料，连用 3～4 d。对病水貂肌内注射环丙沙星等药物，每千克体重 0.2 mL，每日 2 次，连用 3 d；同时肌内注射穿心莲等，每千克体重 0.2 mL，每日 2 次，连用 3 d。对症状较重的配合中药治疗，方剂为白头翁 10 g，黄连 10 g，秦皮 12 g，生山药 30 g，山萸肉 12 g，诃子肉 10 g，茯苓 10 g，白术 15 g，白芍 10 g，干姜 5 g，甘草 6 g，用法：煎汤 300 mL，每只水貂灌服 3 mL，每日 1 次，连用 3 d。饲料内可增加多种维生素，增强机体抵抗力和抗应激能力。

对病貂立即注射“拜有利”，每只 0.15～0.2 g，每日 1 次，个别严重者再注射一次黄连素，每只 1～1.5 mL，经过 5 d。

在治疗的同时，及时全场消毒，对圈舍及周围环境用消毒液进行彻底消毒。使用全价饲料，病貂多补一些乳、蛋类饲料，加强饲养管理，隔离病水貂，凡是得病的笼箱用喷灯火焰消毒，加强饮水。

第七节 貂假单胞菌病

貂假单胞菌病又称貂绿脓杆菌病或貂出血性肺炎，是由假单胞菌属中的绿脓杆菌引起的貂的一种急性传染病。病的特征是呼吸困难，出血性肺炎变化和肺水肿，脏器组织出血性病理变化，常呈地方性流行。

一、病原

本病病原为铜绿色假单胞菌，又名绿脓假单胞菌，广泛存在于自然界，动物粪便、水和污水中均存在。革兰氏染色阴性。在普通培养基上培养能产生黄绿色色素，因此叫绿脓杆菌。绿脓杆菌病是医学和兽医学领域研究比较活跃的一种传染病。

二、流行病学

水貂是最易感的毛皮动物。实验动物家兔、海猪、小白鼠均易感。主要传染源是污染的肉类饲料、病貂和带菌貂。另外，由于应用抗生素不合理，抑制了绿脓杆菌抵抗性细菌，造成绿脓杆菌大量繁殖，发生该病。主要传染途径是口腔和呼吸道。

饲喂患有假单胞菌病的肉类饲料是传播本病的主要原因。被病貂和带菌貂排泄物所污染的垫草和饲料也能传播本病。本病多发生在秋季，10 月份最多，高度接触性传染是本病的流行特点，因 10 月份是换毛季节，绒毛飞扬，易传给健康貂。

由于感染动物不同，引起的疾病也不一样。在水貂中主要引起出血性肺炎，死亡率 2%～10%，是一种散发性顽固性传染病，常给养貂业造成重大经济损失。1953 年 Knox 在丹麦水貂中首次发现该病。后相继在瑞典、芬兰、美国、法国、加拿大和苏联都有该病流行报道。1978 年国内江苏某国营貂场发生该病，造成较大经济损失。

三、临床症状

本病自然感染时潜伏期为1～2 d，长的4～5 d。从病程和病理变化可分为急性型与最急性型。大部分感染貂常未见明显症状而死亡，仔细观察仅见有昏睡、厌食、呼吸短促而困难、惊厥和口鼻流出血色液体。急性型病例往往表现腹式呼吸，听诊胸部，可以听到啰音，鼻孔流出血样液体，口鼻周围有血样污染物，笼箱下常见有血迹。病程短的几小时，长的1～2 d，病死率几乎100%。

四、病理变化

其特征变化是肺肿大出血，呈深红色，肺组织致密，呈肝样硬度，切开流出大量血样泡沫。气管、支气管呈桃红色。病变肺放于水中下沉。病变部位常有灰色小结节，胸腔积液，肺门淋巴结肿大。脾肿大，呈红紫色。肝苍白，干燥。胃和十二指肠常有血样液体，血是死前从鼻孔流入的。

病理变化最明显的器官是肺，表现水肿和大面积出血。病变部位组织致密，切开有血样泡沫流出，气管和支气管黏膜呈桃红色，支气管淋巴结肿大，呈灰红色。脾肿大约2倍，呈紫红色。肝脏微肿大，呈灰褐色。常在胃和十二指肠内发现血样液体。其他脏器未见明显变化。

五、临床诊断

据流行病学、临床症状和病理剖检，可建立初步诊断。肺出血和肺水肿是本病区别于其他病的主要特征。确诊需作细菌学检查：一是培养检查有无色素；二是做动物接种，看是否有毒性。如能产生绿色色素，接种小白鼠致死，并分离到绿脓杆菌纯培养，即可确诊。

六、防治

预防本病可接种疫苗,但成功疫苗尚未研制出来。发生该病,立即隔离病貂,病貂送隔离栋由专门人员饲养并及时用抗生素进行治疗。治愈貂也不得送回原处,直至隔离到取皮期淘汰;清除貂栋周围杂草和小室、笼网及地下粪便。在此基础上,小室用火碱水刷洗,地面用石灰乳喷洒,笼网用火焰喷灯喷烧食具和饲料室用碳酸氢钠水洗刷食盆和饮水盒用水煮沸消毒,在发病期坚持隔日消毒一次;从发病起对貂场实行严格封锁。貂场设有门岗,禁止外人进入。貂栋门口设有消毒槽,各栋饲养人员和用具不得串动,直至最后一只貂死亡后,7 d 再不出现死貂后才解除封锁;改善饲料增强抵抗力:原来该场以明太鱼为主要动物性饲料,改为以江杂鱼为主。同时,增加酵母和各种维生素给量。加强饲料调制,干稀度适中,增强适口性。饲喂时,根据貂个体和食欲调整给食量。增加清洁饮水次数。

及时对病貂进行治疗:根据药敏试验结果,选用庆大霉素和链霉素进行交替治疗。庆大霉素每只貂每次肌内注射 2×10^4 IU,每日 2 次;链霉素每只貂每次 10×10^4 IU 肌内注射,每日 1 次,一般一天即可治愈。全群投新诺明,每只貂 0.3～0.5 g,混于饲料中饲喂。另外,多黏菌素和新霉素也有较好效果。

第八节 貂双球菌病

本病是水貂的一种急性传染病,以脓毒败血症为特征,并伴有内脏器官的炎症及体腔积液。发病率及死亡率很高。严重影响养貂业的健康发展,必须提高对水貂双球菌病的预防和治疗措施的认识。

一、病原

本病病原为双球菌(*Diplococcus*)在一个平面上分裂成双排列,如肺炎双球菌、脑膜炎双球菌。

二、流行病学

水貂不分品种、年龄及性别均能感染本病,但成年貂多发于妊娠期,幼貂水貂常见暴发流行。饲养管理不良,卫生条件不好,饲料不全价等诱发本病。

三、临床症状

潜伏期2～6 d。新生幼貂发病时常见无特征性临床症状而突然死亡。日龄较大的仔貂表现精神沉郁,食欲丧失。步态摇摆,前肢屈曲,拱背,呻吟,躺卧不起。摇头,呼吸困难,腹式呼吸,从鼻和口腔内流出带血的分泌物。

四、病理变化

肺充血肿大,气管及支气管内含有出血性、纤维素性和黏液性渗出物。胸腹腔及心包内有化脓性渗出物。脾脏稍肿大,肝肿胀,表面有黄黏土色条纹。淋巴结充血肿大。

五、临床检查

根据流行病学、临床症状和病理变化可做出初步诊断。确诊需要做实验室检查。

采取肝、心血、淋巴结及各种渗出液,涂片染色、镜检,本菌为革兰氏阳性排列成对的双球菌。

六、防治

对貂群加强饲养管理，消除各种不良因素，提高机体抵抗力。饲料要全价，在日粮中适当增加瘦肉、鲜鱼及维生素饲料，严禁饲喂病畜肉类、奶及下水，以及被其污染的饲料和饮水等。在饲料内添加治疗量的金霉素、新霉素或多黏菌素，可预防本病。

发病时立即隔离病貂，进行治疗。

对未发病的貂群可服抗生素预防，检查日粮，更换饲料。

貂舍、貂笼、场地及用具应用喷灯、3%福尔马林或3%火碱等全面消毒。

病貂可用抗牛犊或羔羊球菌病高免血清治疗，每只皮下注射5～10 mL，每日1次，连用2～3 d。同时配合抗生素及磺胺类药物治疗。还应注意对症治疗，如肌内注射樟脑磺酸钠，每只0.3～0.4 mL，防止心脏衰竭而死亡。静脉注射葡萄糖溶液及维生素B、维生素C等，可提高治愈率。

第九节　貂克雷伯氏菌病

貂克雷伯氏菌病原体是臭克雷伯氏菌。常呈地方性暴发流行，亦有散发，造成较大的损失。

一、病原

克雷伯氏菌，属于革兰氏阳性杆菌。没有运动性，能形成荚膜，在动物体内形成菌血症。易从病貂的心血、肝、脾、肾、肺、中分离培养。

克雷伯氏菌对外界抵抗力强，对多数抗生素易产生耐药性。与肠杆菌科其他细菌一样，具O抗原和K抗原（即菌体抗原和荚膜抗原）。

二、临床症状

开始仅表现精神沉郁、食欲减退，第二天出现死亡，其他病情在逐渐加重。病畜临床表现被毛逆乱，体温升高，结膜苍白，呼吸浅速，偶尔咳嗽，鼻腔有分泌物，站立不稳等。

突然发病，食欲急剧下降或完全废绝，精神沉郁，呼吸困难，体温高达 40℃以上；病貂全身出现小脓疡，特别是颈部出现许多小脓疱，破溃后流出黏稠的灰白色脓汁。大多数形成瘘管，局部淋巴结形成脓肿。一般于发病后 2～3 d 死亡。

水貂克雷伯氏菌病根据临床表现可分为四个类型。

脓疱疖型：水貂周身出现小脓疱，特别是颈部、头部出现许多小脓疱。破溃后流出黏稠的脓汁。大多浓汁积聚形成瘘管，局部淋巴结形成脓肿。

蜂窝组织类型：多在喉部出现蜂窝组织炎，并向颈下蔓延，可达肩部，化脓、肿大。

麻痹型：食欲不佳，或废绝，后肢麻痹，步态不稳，多数病貂出现症状后 2～3 d 内死亡。如果局部出现脓疖，则病程更短。

急性败血型：突然发病，食欲急剧下降，或完全废绝，精神沉郁，呼吸困难。在出现症状后，很快死亡。

三、病理变化

主要表现上呼吸道黏膜充血水肿，肺出血、充血、气肿；慢性病畜剖检主要表现在化脓性胸膜炎，胸腔内有炎性分泌物，颈淋巴结、肾、肝脓肿，肺“肉芽肿性”实变，肺膨胀不全、表面有灰白色小结节等。

颈部有脓疱，剖开后流出黏稠的灰白色的脓汁，颈部的局部肌肉呈暗红色。内脏器官出现一般败血症变化，肝脏明显肿大，质硬、脆、出血，切面有多量凝固不全、暗褐红色的血液流出，切面外翻，被膜紧张；胆囊充盈；脾肿大出血；肺有小脓肿、出血。

四、临床诊断

根据病貂临床表现，病理剖检变化和分离到细菌情况，方可作出此病的确诊。此病应和链球菌病、结核菌引起的脓肿加以区别。

镜检：无菌采取颈部脓汁、肝、肺涂片，镜检，发现革兰氏阴性杆菌，有荚膜。

细菌分离培养：无菌采取脓汁、肺接种于 PYG 汤（含蛋白胨 20 g/L、葡萄糖 10 g/L、氯化钠 5 g/L、酵母粉 3 g/L、琼脂 20 g/L）和 PYG 平板，37℃培养 24 h，在 PYG 汤中液体均匀混浊，PYG 平板长出灰白色湿润、密集的黏稠菌落。

病原菌生长特性：发酵葡萄糖、乳糖、麦芽糖、甘露醇、蔗糖；接触酶阳性；靛基质、M. R.、V-P、柠檬酸盐、硝酸盐还原试验均为阳性；氧化酶试验阴性。

动物接种试验：取 PYG 汤纯培养物，接种 3 只健康小鼠（18～20 g），每只腹腔注射 0.3 mL；另取 2 只作对照，经腹腔注射 0.3 mL 生理盐水。接种后 24～96 h，攻毒组小白鼠全部死亡，对照组存活。解剖死亡小白鼠，取肺、肝组织触片，镜检，发现有革兰氏阳性杆菌。

五、防治

根据水貂发病情况，颈部有脓疱等临床症状，剖检变化、实验室检查和流行情况调查，诊断为水貂克雷伯氏菌病。

一旦确诊此病，应将病貂和可疑病貂及时隔离，并用氯霉素、磺胺类药物、链霉素等进行治疗。体表发生脓肿的，可切开，用双氧水冲洗创腔，彻底排脓，撒布消炎粉或其他消炎药物。此外，应用庆大霉素肌内注射效果更好。每次 4 万 IU，每日 2 次。

该病多因饲料(肉联厂的下脚料)感染,亦可通过患病水貂的粪便和被污染的饮水传播。因此,预防本病的发生主要是把好饲料关,加强对环境的消毒,保持清洁卫生。

第十节　沙门氏菌病

水貂沙门氏菌病又称副伤寒。水貂中最常见的沙门氏菌有肠炎沙门氏杆菌、猪霍乱沙门氏杆菌和鼠伤寒沙门氏杆菌。另外,还发现有雏白痢沙门氏菌、都伯林沙门氏菌、蒙秦维提尔沙门氏菌、婴儿沙门氏菌等。

一、病原

病原是沙门氏菌为短杆菌,长 1～3 μm,宽 0.4～0.6 μm,两端钝圆,不形成荚膜和芽孢,具有周身鞭毛(雏鸡白痢沙门氏菌和鸡伤寒沙门氏菌除外),有运动性,为革兰氏阴性菌。

在普通培养基中能生长,为需氧兼厌氧性菌。在肉汤培养基中变混浊,而后沉淀,在琼脂培养基上 24 h 后生成光滑、微隆起、圆形、半透明的灰白色小菌落。

沙门氏菌能发酵葡萄糖、麦芽糖、单乳糖、山梨醇、甘露醇、产酸产气。不能发酵乳糖和蔗糖,因此,从此可与其他肠道菌相区别。

沙门氏菌对低温有较强的抵抗力,在琼脂培养基上于 10℃左右,经 115 d 尚能存活。在干燥的沙土可生存 2～3 个月,在干燥的排泄物中可保存 4 年之久,在含 29%食盐的腌肉中,在 6～12℃的条件下,可存活 4～8 个月。沙门氏菌抵抗力较强,60℃经 1 h,70℃经 20 min,75℃经 5 min 死亡。沙门氏菌在 0.1%升汞溶液、0.2%甲醛溶液、3%石炭酸溶液中 15～20 min 可被杀死。

二、流行病学

被沙门氏菌污染的肉类饲料是主要感染源，在淘汰的家禽肉中常能检出各种对水貂致病力很强的沙门氏菌。当毛皮动物机体抵抗力下降时，容易暴发此病。短时间内波及全群动物，出现较高的死亡率，本病的发生和种水貂带菌有一定的关系。常见带仔母貂成窝发病，个别的养貂场，沙门氏菌病每年都散发、流行一段时间，这与带肉动物和场地污染有关。

水貂沙门氏菌病流行具有明显的季节性，一般发生在六、七、八月份，常呈地方性流行。多由饲料污染引起，主要侵害1～2个月龄的仔貂。成年动物对本病具有一定的抵抗力。饲养管理不当，气候突变是引起此病的因素。感冒、饲料变质、防疫制度不严等，都能促使此病的发生和发展。另外，仔貂换牙期、断乳期饲料质量不良，机体抵抗力下降，都可能成为发病的诱因。

三、临床症状

自然感染潜伏期为3～20 d，平均为14 d，人工感染的，潜伏期为2～5 d。

根据机体抵抗力和病原的毒力，本病在临床上的表现是多种多样的，大致可区分为急性、亚急性和慢性3种。当呈急性经过时，病貂拒食，先兴奋，后沉郁，体温升高到41～42℃，轻微波动于整个病期，只有在死前不久才下降。大多数病貂躺卧于小室内，走动时背弓起、两眼流泪、缓慢移动，发生下痢、呕吐、在昏迷状态下死亡。一般经5～10 h或延至2～3 d死亡。

亚急性经过时，主要表现胃肠机能高度紊乱，体温升高到40～41℃，精神沉郁，呼吸频数，食欲丧失。病貂被毛蓬乱无光、眼睛下陷无神。有时出现化脓性结膜炎。少数病例有黏液性化脓性鼻液或咳嗽。病貂很快消瘦、下痢，个别有呕吐。粪便变为液体状或水样，混有大量胶体状黏液。个别混有血液。四肢软弱无力。特别是后肢不全麻痹。在高度衰竭情况下，7～14 d死亡。

慢性经过的病貂，消化机能紊乱，食欲减退，下痢、粪便混有黏液，进行性消瘦，贫血，眼球塌陷，有的出现化脓性结膜炎。被毛蓬乱、黏结、无光泽。病貂卧于小室内，很少运动。走动时步履不稳，行动缓慢，在高度衰竭的情况下，经3～4周死亡。在配种和妊娠期流行本病时，造成大批空怀和流产，空怀率达14%～20%。仔貂10日龄以内死亡率高达20%～22%，多数病貂在妊娠中后期发生流产。

四、病理变化

死亡貂血凝不良，实质器官颜色变淡，膀胱积尿，黏膜、皮下脂肪或肌肉、浆膜见轻微的黄疸。肝、脾、肾肿大、黄染、质脆，切面多汁，特别是脾脏显著肿大，3～8倍以上。胃肠空虚，胃、肠黏膜均有不同程度的肿胀、出血或坏死。

五、临床诊断

根据病貂临床表现，病理剖检变化和分离到细菌情况，方可作出此病的确诊。此病应和链球菌病、结核菌引起的脓肿加以区别。

(1)病原菌的分离培养。取新鲜病死貂的肝脏、心血、脾脏等病料分别接种于鲜血琼脂平板和亚硒酸钠细菌培养基中，放入37℃的恒温箱中培养24 h。结果鲜血琼脂培养基上长出灰白、圆形、半透明、光滑湿润、边缘整齐的小菌落。亚硒酸钠增菌培养基呈均等混浊。将本培养物再接种于S·S琼脂培养基上，培养24 h后长出圆形、隆起、半透明、光滑的菌落，取菌落涂片革兰氏染色镜检，可见粗短、无芽孢的革兰氏阴性小杆菌，单个散在。挑取典型菌落接种于三糖铁琼脂斜面，斜面底部产酸。

(2)生化试验。该菌能分解葡萄糖、麦芽糖、甘露醇、山梨醇不分解乳糖、蔗糖，靛基质试验呈阴性，MR 试验阳性，V-P 试验阴性，不分解尿素，能利用枸橼酸钠，动力试验阳性。

(3)血清学试验。将分离菌与沙门氏菌 AFO 多价血清做平板凝集试验，呈阳性反应。

(4)药敏试验。鼠伤寒沙门氏菌对庆大霉素、氟哌酸、强力霉素敏感，对青霉素不敏感。对其他药物都呈现一定程度的耐药性。

六、防治

确诊后马上停喂现有饲料，将现有饲料更换为来源明确、无污染的优质饲料；隔离发病貂，对笼舍、地面环境、粪便等用 5%的热火碱水喷洒消毒，每日 1 次，连用 1 周；食槽及饮水槽彻底清洗消毒，每日 2 次。对病死貂焚烧深埋，停喂一切肉类，饲料，供给新鲜清洁、无污染的饮水，避免本病的继续传播。

发病貂要立即隔离，根据药敏试验选用庆大霉素，每只 10～20 万 IU/kg，肌内注射，每日 2 次，连用 5 d。同时饮水中加入 100 mg/L 的氟哌酸，连用 3～7 d，应用抗菌药物治疗的同时饲料中加入维生素 A、维生素 D、维生素 E 和电解多维，连用 7～10 d，直到痊愈。

第十一节 貂肉毒梭菌中毒

水貂肉毒梭菌毒素中毒是由于食用梭菌芽孢杆菌属的肉毒梭菌污染的鱼或肉类等饲料，产生大量外毒素而导致的狐狸急性食物中毒。危害较大，国内外均有发生。

本病是由梭状芽孢杆菌属肉毒梭菌污染肉类或鱼类等动物性饲料，产生大量外毒素，导致人或动物急性食物性中毒的疾病。该病主要特征是神经和横纹肌不全麻痹或麻痹，病貂全身瘫软不会动，死亡率很高的群发性急性中毒病。

一、病原

肉毒梭菌又名腊肠中毒杆菌，为专性厌氧菌，平均长 4～6 μm，宽 0.5～1.2 μm，单个或成排列，运动性较强，顶端芽孢呈网球拍状。

肉毒梭菌有六个血清型，其毒素致病作用相同，但抗原结构不同，同毒素只能用同血清型中和。引起人和狐狸中毒的多为C 型。

肉毒梭菌能分解蛋白质，产生外毒素，毒性极强。此毒素具有较强的抵抗力，对低温和高温都能耐受，当温度达到 105℃时，经 1 h 才能被破坏。

二、流行病学

所有动物都可引起中毒，水貂较敏感，特别是 C 型肉毒梭菌更为严重，没有年龄、性别和季节的区别，常呈群发性，病程 3～5 d，个别的 7～8 d。本病常呈现突然发生，第一个昼夜死亡 70%，第二个昼夜死亡 20%，第三个昼夜死亡 9%～10%。本病的严重程度和延续时间决定于水貂食入的毒素量，死亡率高达 100%。

三、临床症状

于采食后 8～10 h 突然发病，最慢者 48～72 h，多为最急性经过，少数为急性病例。病貂表现运动不灵活、躺卧、不能站立，先后肢出现不全麻痹或麻痹，不能支撑身体。拖腹爬行（即海豹式行进），继而前肢也出现麻痹。病貂行走困难，常滞留于小室口内外。意识在未进入昏迷期前，一直很清楚。将病貂拿在手中，像未尸僵的死貂一样，瘫痪无力。有的病貂表现神经症状，流涎，吐白沫，颌下被毛湿润，瞳孔散大，眼球突出。有的病貂痛苦尖叫，进而昏迷死亡，较少看到呕吐和下痢。有时水貂无明显症状而突然死亡。

四、病理变化

病理解剖没有特征性变化。胃肠黏膜有充血、出血，附有黏液，肝脏充、瘀血，三界清楚。肺及肋膜有出血斑。

五、临床诊断

根据食后 8～12 h 之内突然全群性发病，多为发育良好、食欲旺盛的水貂，出现前述症状和大批死亡等情况，可怀疑肉毒梭菌毒素中毒。欲进一步证实和诊断，可将水貂吃剩下的饲料和死貂的胃肠内容物，做敏感动物饲喂试验。

取剩食或胃内容物，按 1∶2 加入灭菌生理盐水，在无菌状态研碎，室温浸放 1～2 h，滤过使之透明，将其滤液喂给两只豚鼠，如有毒素，试验动物经 3～4 d，发生麻痹而死，少数延续到 10～12 h 死亡。对照组喂给加热煮沸 30 min 以上的前述浸提液，在同一条件下管理、观察，健康活泼不发病。也可用小白鼠做生物学试验和保护试验。每天小白鼠喂给检样浸提物 0.5～1.0 mL 或腹腔注射 0.5 mL，试验鼠 12 h 内死亡。对照鼠喂经热处理的浸滤液健康活泼。进一步证明，可用肉毒梭菌特异性免疫血清做保护试验。

六、防治

由于本病有来势急、死亡快、群发等特点，来不及治疗，同时也无好的治疗办法。特异性疗法可用同型阳性血清治疗，效果较好。对症疗法可强心利尿，皮下注射 5%葡萄糖。

预防：注意饲料卫生检查，用自然死亡的肉尸作为饲料时，一定要经过高温处理后再喂。对本病污染区要提高警惕，加强消毒。

貂群可考虑接种肉毒梭菌菌苗，1 次接种的免疫期可达 3 年之久。最常用的是 C 型肉毒菌苗，每次每只注射 1 mL。

第十二节　魏氏梭菌病

水貂魏氏梭菌病是由梭状芽孢杆菌属产所荚膜杆菌类的细菌引起，为急性经过的毒血症。

一、病原

本病又称产气荚膜杆菌病。魏氏梭菌性肠炎，分 A，B，C，D，E，F 六个型，主要由 A 型和 E 型菌及产生的 α 毒素所致。它广泛存在于土壤、饲料、蔬菜、污水、粪便中。本病的发生无明显季节性，除哺乳仔兔外，各种年龄、品种、性别的兔子均有易感性。传染途径主要是消化道或伤口，粪便污染的病原在传播方面起主要作用。本病的主要传染原是病兔和带菌兔及排泄物。病原菌自消化道或伤口侵入机体，在小肠和盲肠绒毛膜上大量繁殖并产生强烈的 α 毒素，改变毛细血管的通透性，使毒素大量进入血液，引起全身性毒血症。

二、临床症状

潜伏期为 12～24 h，流行初期一般无任何临床症状而突然死亡。病貂食欲减退或拒食，很少活动，久卧于小室内，步态蹒跚，呕吐。粪便为液状，呈绿色，混有血液。常发生肢体不全麻痹或麻痹。并有震颤呈昏迷状态，死亡率为 90％。

三、临床诊断

根据流行病学、临床症状、剖检变化和细菌学检查，可以确诊。

四、防治

(1)治疗。本病无特异疗法，由于发病急，病程短，不易发现，治疗效果不理想，一般可用左旋霉素、新霉素、每千克体重按 10 mg 投于饲料中喂给，一天 2 次，连续 3～4 d。

(2)预防。为预防本病发生，主要是严格控制饲料的污染和变质质量不能喂给动物。当发生本病时，用 1%～2%热苛性钠溶液或甲醛溶液消毒。粪便及污染堆放指定地点进行生物热发酵消毒。地面用 10%～20%新鲜漂白粉溶液喷洒后，铲去表土，换上新土。冬季笼舍可用喷灯进行火焰消毒。

第十三节　貂传染性脑炎

貂传染性脑炎(传染性肝炎)，对犬来说叫传染性肝炎，二者是一个病，都是一种病毒引起的急性败血性病毒性传染病。貂传染性脑炎是由犬腺病毒引起的以眼球震颤、高度兴奋、肌肉痉挛、感觉过敏、共济失调、呕吐及便血为特征的急性、败血性、接触性传染病。本病具有发病急、传染快，死亡率高等特点。本病广泛流行于世界各地，其他犬科动物也感染本病。我国近年来，由于养狐业迅速发展和种狐的引进，在个别养狐场也发生本病。

一、病原

貂的传染性脑炎病原体是腺病毒科哺乳动物腺病毒属的传染性肝炎(脑炎)病毒。病毒含有双股 DNA，相对分子质量为 $20\times10^6\sim25\times10^6$，其大小为 0～90 nm，浮密度(CsCl)1.33～1.35 g/mm^3，沉降系数为 795S。

本病毒能凝聚人(O 型血)、鸡和土拨鼠的红细胞，并有相当强的抵抗力，在 37℃于 26～29 d 灭活；在 60℃于 3～5 min 失去活性；在室温条件下，可存活 10～13 周；在注射器上，附着的病毒可存活 3～11 d；低温冷藏 9 个月仍有感染力；紫外线照射 2 h 后才失去活力，但仍有免疫原性。病毒最适 pH 6～8.5，对乙醚、氯仿有耐受性。在 0.2%甲醛溶液中 24 h 后才能灭活。

本病毒对内皮细胞和肝细胞有亲和力，在细胞内形成核内包涵体，感染本病可获得终生免疫力。

二、流行病学

本病毒犬和貂、狐狸易感，当致病力较强时，特别是生后 3～6 个月的幼狐最易感。各种不同年龄的貂类动物都能感染传染性脑炎。幼兽发病率为 40%～50%，2～3 岁的成年貂感染率为 2%～3%，比较老的貂很少患病。病兽在发病初期，血液内出现病毒，以后在所有分泌物、排泄物中都有病毒排出。特别是康复动物，自尿中排毒长达 6～9 个月之久。由此可见，康复和隐形感染动物为带毒者，是最危险的疫源。这些动物的分泌物和排泄物污染了饲料、水源、周围环境，经消化道等途径传染。此外，寄生虫也是本病传播的媒介，病兽在本病的流行初期死亡率高，中、后期死亡率逐渐下降。本病没有明显的季节性，但夏、秋季节，由于幼兽多，饲养密集，对本病的传播最为有利。

三、临床症状

水貂感染后一般要在 5～8 个月后出现症状。病貂共济失调，兴奋时沿笼子奔跑，做圆周运动，自咬尾巴，后肢常不由自主运动，有的惊厥，用牙紧咬铁丝笼网。兴奋过后转为嗜睡，病貂躺卧于小室内，但短时间内转为兴奋。貂失去正常卫生习惯，不在固定地点排便，笼舍小室污秽不堪，成年貂患病，仔貂和 1 年内的幼貂不发病。

四、病理变化

可见尸体极度消瘦，眼结膜、口腔黏膜苍白。剖检胃内含有沥青状黏稠物质，有时发现局部溃疡，小肠黏膜呈卡他性炎症；脾脏缩小，脑血管充盈和脑实质水肿。

五、治疗

本病无特异的预防治疗办法。预防本病，必须采取综合性防治措施，当有本病发生时，对病貂和可疑病貂及其同窝貂一并隔离饲养至取皮期，全部取皮淘汰；皮张经消毒方可出场。病貂污染的笼子用火焰喷灯消毒，貂舍、场地、器具用10％福尔马林溶液或20％漂白粉溶液彻底消毒，粪便、垫草及污物要烧毁，并空舍3个月才能再用于饲养新貂。

除了加强饲养管理、搞好防疫卫生外，还应进行预防接种，这是行之有效的预防本病的根本办法。目前国外广泛使用组织培养弱毒细胞苗，接种后出现轻度一过性角膜混浊的过敏反应，1～2 d后自然消失。我国也生产传染性脑炎弱毒犬肾细胞苗，已广泛使用。

发生貂传染性脑炎时，应将病兽和可疑病兽隔离、治疗，直到取皮期为止。对污染的笼具应进行彻底消毒。地面用10％～20％漂白粉或10％生石灰乳消毒。

被污染的（发过病的）养殖场到冬季取皮期应进行严格兽医检查，精选种兽。对患过本病或发病同窝幼兽以及与之有过接触的毛皮动物一律取皮，不能留作种用。

第九章　普通病

第一节　感　冒

一、病因

由于气温突变、长途运输、贼风侵袭、营养不良、体力下降和其他因素引发。春季，因气候多变最易引起水貂感冒病。调查发现，每逢春、冬、窝室不干燥，不讲究卫生，易引发感冒。

二、症状

主要症状表现为精神沉郁、两眼流泪、鼻镜干燥，有时鼻孔流出少量浆液性水样鼻涕。

三、治疗

(1)安痛定 1.0 mL、青霉素 50 万 IU、复合维生素 B 2 mL，肌内注射于大腿内侧肌肉丰厚处，每日 2 次，连注 2～3 d，同时加喂饮水次数。

(2)内服非那西汀 10 mg 或氨基比林 10 mg，或四环素 20 mg。每日 1 次。

预防：加强饲养管理。气候突变时，要注意做好保暖工作。

第二节　葡萄球菌病

葡萄球菌的致病物质主要是毒素和酶，此外还有 SPA 和某些菌株的荚膜以及Ⅳ型变态反应。其中重要的有溶血毒素、杀白细胞素、肠毒素、血浆凝固酶、溶纤维蛋白酶、透明质酸酶等。动物对葡萄球菌的易感性，与表皮或黏膜创伤的有无、机体抵抗力的强弱、葡萄球菌污染的程度以及动物所处的环境有密切关系。皮肤创伤是主要的传染途径，直接接触和空气也可传播。本病一年四季均可发生，以雨季、潮湿季节发生较多。

一、病原

本病为葡萄球菌属（*Staphylococcus*）是一群革兰氏阳性球菌，因常堆聚成葡萄串状，故名。多数为非致病菌，少数可导致疾病。葡萄球菌是最常见的化脓性球菌，是医院交叉感染的重要来源，菌体直径约 0.8 μm，小球形，但在液体培养基的幼期培养中，常常分散，细菌细胞单独存在。代表种有金黄色葡萄球菌（*S-taphylococcusaureus*）（黄色）、白色葡萄球菌（*S. albus*）（白色）、柠檬色葡萄球菌（*S. citreus*）（橙色）。

本菌形态为球形或稍呈椭圆形，直径 1.0 μm 左右，排列成葡萄状。葡萄球菌无鞭毛，不能运动。无芽孢，除少数菌株外一般不形成荚膜。易被常用的碱性染料着色，革兰氏染色为阳性。其衰老、死亡或被白细胞吞噬后，以及耐药的某些菌株可被染成革兰氏阴性。

培养特性。本菌营养要求不高，在普通培养基上生长良好，在含有血液和葡萄糖的培养基中生长更佳，需氧或兼性厌氧，少数专性厌氧。28～38℃均能生长，致病菌最适温度为 37℃，pH 为 4.5～9.8，最适为 7.4。在肉汤培养基中 24 h 后呈均匀混浊生长，在琼脂平板上形成圆形凸起，边缘整齐，表面光滑，湿润，不透明的菌落。不同种的菌标产生不同的色素，如金黄色、白色、柠檬色。色素为脂溶性。葡萄球菌在血琼脂平板上形成的菌落较大，有的菌株菌落周围形成明显的全透明溶血环（β溶血），也有不发生溶血者。凡溶血性菌株大多具有致病性。

二、临床症状

发病初期，病貂食欲丧失，精神委靡。后期多前肢屈曲，弓背，出现腹式呼吸。一些病貂从鼻和口腔内流出含有血液的黏性分泌物，发现症状后几小时或 1 d 内即死亡。

三、病理变化

剖检可见水貂心内膜有出血点，脾稍肿大，肝脏肿胀呈土黄色，其他脏器无明显肉眼病变；肺充血肿大，气管和支气管内含有出血性黏液，肝脏黄染肿胀并伴有灰白色粟粒状坏死灶。

四、临床诊断

根据临床症状和病理变化可做出初步诊断，确诊需要实验室检查。

无菌采集水貂心血、肝作病原分离。

细菌分离：无菌操作，将肝用无菌生理盐水制成悬液，将心血和肝悬液接种于血平板，每个标本接种 2 个血平板，并分别置生化培养箱和厌氧培养箱 37℃培养 24 h 后观察结果。接种肝、心血的需氧培养平板上有较多形态一致、圆形、湿润、中等大小的菌落生长，呈典型的β溶血。厌氧培养平板上无菌落生长。

细菌鉴定：挑取上述典型菌落涂片作革兰氏染色，镜检为 G^+ 球菌；将可疑菌落纯化后，分别进行触酶试验，将可疑菌株再进行血浆凝固酶试验。

药敏试验：将菌株纯培养物制成混悬液，用灭菌棉签均匀涂布于 MH 平板，将青霉素 G、恩诺沙星等药敏纸片贴在 MH 平板上，37℃培养 24 h 后观察结果。

五、防治

对发病水貂立即用恩诺沙星 10 mg/kg，肌内注射，每日 2 次，连用 3 d。

饮水中加 0.01％维生素 C 和 0.1％电解多维。

对同群水貂在饲料中添加恩诺沙星预混剂。

对饲养场地、貂笼、料槽等进行彻底消毒。

搞好卫生及消毒工作，减少环境中的含菌量对防治本病具有十分重要意义。加强饲养管理，喂给必需的营养物质，特别要注意供给维生素和矿物质。

第三节 出血性肺炎

水貂出血性肺炎又称水貂假单胞菌性肺炎，是由绿脓杆菌引起的毛皮动物的一种急性传染病，属人兽共患病。

一、病原

病原菌为绿脓杆菌（*p. aeruginosa*）（铜绿色假单胞菌）一种致病力较低但抗药性强的杆菌。广泛存在于自然界，是伤口感染较常见的一种细菌。能引起化脓性病变。感染后因脓汁和渗出液等病料呈绿色，故名绿脓杆菌（*p. aeruginosa*），属假单胞菌属（*pseudomonas*），广泛分布于自然界及正常人皮肤、肠道和呼吸道，是临床上较常见的条件致病菌之一。

本菌长×宽为（1.5～3.0）μm×（0.5～0.8）μm，单在，成对或偶尔成短链，在肉汤培养物中可以看到长丝状形态。菌体有

1～3 根鞭毛，运动活泼。能形成芽孢及荚膜。易被普通染料着染，革兰氏阴性。DNA 中 G+C 的摩尔浓度为 67.2%。

本菌为需氧或兼性厌氧菌，在普通培养基上易于生长，培养适宜温度为 35℃，pH 值为 7.2。

普通琼脂：形成光滑，微隆起，边缘整齐波状的中等大菌落。由于产生水溶性的绿脓素（呈蓝绿色）和荧光素（呈黄绿色），故能渗入培养基内，使培养基变为黄绿色。数日后，培养基的绿色逐渐变深，菌落表面呈现金属光泽。

普通肉汤：均匀混浊，呈黄绿色。液体上部的细菌发育更为旺盛，于培养基的表面形成一层很厚的菌膜。但广泛使用有效抗生素后筛选出的变异株常丧失其合成能力。

血液琼脂：由于绿脓杆菌能产生绿脓酶，可将红细胞溶解，故菌落周围出现溶血环。

二、流行病学

绿脓杆菌在自然界中广泛存在，当绿脓杆菌污染环境（包括被毛、笼具、尘土等）、饲料时，污染的被毛或尘埃在风等外部因素的作用下通过鼻腔侵入水貂体内，导致水貂发病。本病虽无明显的季节性，但多于夏秋季节，特别是 9～10 月水貂换毛期，通过被污染的绒毛暴发流行。幼貂最易感，死亡率也高。

三、临床症状

主要特征为急性死亡，死前出现呼吸困难和自鼻孔流出红色带泡沫液体等症状。水貂出血性肺炎多数呈现急性经过，病程为 1～2 d。多数突然发病，食欲废绝，精神高度沉郁，体温升高，呼吸困难、从鼻孔流出红色带泡沫的液体，一般呈腹式呼吸，并伴有异常的叫声。有些病例咯血或鼻孔出血，鼻孔周围有血液污染。通常出现症状后 2～24 h 死亡，少数在 20～30 min 内死亡。

四、病理变化

剖检变化以出血性肺炎症状为主，肺充血、出血，整个肺叶弥漫性出血，呈红色肝样病变，切开有血样液体流出，病变较轻部位常见灰白色小结节，严重的呈大理石样外观。

五、临床诊断

根据流行病学、临床症状和剖检变化，可以作出初步诊断。确诊需要进行实验室细菌分离鉴定。

六、防治

绿脓杆菌对不同的抗生素药物敏感性不一致，因此，临床上应采用敏感性药物进行治疗。

目前，临床上治疗水貂出血性肺炎常用药物主要有硫酸庆大霉素、硫酸妥布霉素、恩诺沙星等。发生出血性肺炎的水貂可用硫酸庆大霉素或硫酸妥布霉素治疗，每只 20 万 IU，每日 2 次，肌内注射，二者进行交替治疗，2～3 d 为 1 疗程，可收到较好的疗效。

全群可以采用硫酸妥布霉素粉剂拌料进行预防。水貂出血性肺炎发病急，死亡快，临床上常常没有治疗机会。因此，应用疫苗控制该病是较好的选择，临床已取得一定效果。

绿脓杆菌菌苗有两类：一类为单价菌苗，即采用单一血清型绿脓杆菌制备的菌苗，但对其他血清型绿脓杆菌感染的保护力较差；另一类为多价菌苗，采用多型菌株制备的，可以收到控制各型绿脓杆菌感染的效果。

第四节 尿结石

在水貂养殖过程中,因饲养管理失调,水貂尿结石时有发生,多见于断奶后的幼貂,尤其是公貂更多见,而成貂发病较少。由于不能进行有效诊治而导致水貂死亡,从而给养殖户带来了很大的经济损失。

一、发病特点

本病主要发生在6～8月份,特别是炎热潮湿的季节,营养良好的幼貂突然发病,尤其是公幼貂。病貂表现精神不安,后肢叉开行走,排尿时尿液呈点滴状,有的排出血尿;尿道口及腹部被毛浸湿,腹围增大。触摸耻骨前缘时可摸到膨满的膀胱,压之敏感,同时可摸到细碎的结石;有时触摸膀胱空虚,冲击式触诊腹部时有拍水音,此时进行腹腔穿刺会有大量的淡黄色或红色的液体流出,有尿臭味,往往混有砂石样物质。慢性病例多表现步态不稳,后肢麻痹。有的水貂未见任何异常突然死亡,剖检时主要病理变化是肾脏和膀胱内有大小不等的结石,结石周围组织有炎症变化或出血、溃疡灶。

二、发病原因

1.长期饲喂富含矿物质过多的饲料

有的水貂在饲养过程中,在日粮中长期超比例给予麸皮或谷物类饲料,特别是不按比例加入和超量加入矿物质添加剂,从而易形成高钙血症和高钙尿症,为碳酸钙尿结石的形成奠定了基础而引起本病的发生。

2.维生素A缺乏

由于维生素A缺乏,可使中枢神经调节盐类形成的功能发生紊乱,导致尿路上皮角化及脱落,促使尿结石的形成。

3.饮水缺乏

炎热的季节,水貂通过大量饮水调节体温变化,此时如果饮水不足,就会使尿液变浓,盐类浓度过高,容易出现结晶而形成尿结石。

4.尿液理化性质的改变

尿液的pH值改变可影响一些盐类的溶解度。当尿液潴留时,其中尿素分解生成氨,使尿液变为碱性形成碳酸钙、磷酸钙、磷酸铵镁等尿结石;而酸性尿液容易促进尿酸盐尿结石的形成,尤其尿中柠檬酸盐的含量下降,容易发生钙盐沉淀形成尿结石。

5.泌尿系统发生感染

当肾和尿路发生感染时,尿中细菌和炎性产物积聚,可成为盐类结晶的核心,尤其是肾脏的炎症,可使尿中晶体和胶体的正常溶解与平衡状态破坏导致盐类晶体易于沉淀而形成尿结石。

三、诊断

完全性尿道阻塞,可根据排尿障碍、触诊膀胱内有尿结石或尿砂进行确诊。不完全性尿道阻塞,可根据病貂行为表现作出初步诊断:为了确诊应根据病理剖检的结果作为诊断依据。

四、防治

为预防尿结石的形成,从4月份开始到剥皮期可按饲料量的0.8%添加75%磷酸液(或20%氯化铵液),使日粮的酸碱度为6.0;每只貂每日1～2 mL,连用3～5 d,停药3～5 d,如此反复饲喂1个月。实践证明:在日粮中添加适量的食用醋,可有效地预防尿结石的发生。

日粮中增加肉类、脂肪、牛乳和蔬菜的比例，保证钙和磷的比例及足够的维生素 A，避免钙或磷过高。同时保证水盒内的饮水充足。

对不完全阻塞的病貂，早期应用乌洛托品 0.2 g，氨苯磺胺 0.1～0.2 g，萨罗 0.2～0.3 g，碳酸氢钠 0.2～0.3 g，内服，每日 1 次，连用 7 d。亦可采用中药疗法，其组方：海金沙 10 g，金钱草 30 g，鸡内金 30 g，石苇 10 g，海浮石 10 g，滑石 5 g，粉碎后适量内服。

对完全性阻塞的病貂，一经确诊应尽快采取手术治疗。

第五节　貂食盐中毒

食盐是水貂日粮中不可缺少的补充饲料，适量的食盐，可增进其食欲，改善消化，保证机体水盐代谢平衡，但摄入食盐过多，特别是在饮水不足时，则会使水貂发生中毒，轻则影响生长发育，严重的可造成死亡。在水貂的饲养中发生的食盐中毒，有的是群发，有的是散发。

一、病因

由于计算失误，饲料中加盐过多，或工作中不认真，加盐不用衡器称量而凭经验估计；喂含盐量高的咸鱼或鱼粉，脱盐不充分，调料不均，饮水不足等都能造成食盐中毒。另外，加工饲料时，由于搅拌不均匀，特别在缺乏饮水的情况下，易导致个别水貂因食入过量的食盐而中毒。

二、临床症状

患貂出现口渴，兴奋不安，呕吐，从口鼻中吐出泡沫样的黏液，呈急性胃肠炎症状。腹泻，全身虚弱，出汗，伴有癫痫，嘶哑尖叫，于昏迷状态下死亡。有的病貂运动失调，或做旋转运动，排尿失禁，尾巴翘起，最后四肢麻痹。水貂食盐中毒程度决定吃入食盐量及有无饮水。据报道，食入食盐量每千克体重 1.8～2 g 时，在无饮水的情况下，有 20%毛皮动物引起中毒。当食入量增加到每千克体重 2.7 g 时，发生典型食盐中毒症状，并于中毒后第三天，水貂死亡率达 80%。当饮水充足时，水貂及其他毛皮动物能很好地耐过每千克体重 4.5 g 食盐量。

三、病理变化

尸僵完整，口腔内有少量食物及黏液，肌肉呈暗红色、干燥。主要变化是胃肠道黏膜充血和肥厚，肺、肾及脑血管扩张，个别病例心内膜、心肌、肾及肠黏膜有点状出血。

四、防治

立即停止饲喂含食盐的饲料，加强饮水，同时喂给牛奶。后期，病貂不能主动饮水时可用胃管给水或腹腔注射灭菌的冷水。为了维持心脏机能，可注射强心剂，皮下注 10%～20%樟脑油 0.2～0.5 mL，也可皮下注射 5%葡萄糖注射液 5～10 mL。

为缓解脑水肿，降低颅内压.可静脉注射 25%山梨醇或高渗葡萄糖溶液。为了促进毒物的排除，可用双氢克尿塞和石蜡油。为缓和兴奋和痉挛发作可用溴化钾。

为了预防食盐中毒，要严格掌握水貂饲料中的食盐含量和标准，加盐要准确，喂含盐量高的鱼粉或咸鱼，脱盐要彻底，饲料要搅拌均匀。

第六节　妊娠母貂四肢麻痹（维生素 B_1 缺乏症）

维生素 B_1 又称硫胺素或抗神经炎素。由嘧啶环和噻唑环结合而成的一种 B 族维生素。为白色结晶或结晶性粉末；有微弱的特臭，味苦，有引湿性，露置在空气中，易吸收水分。在碱性溶液中容易分解变质。酸碱度在3.5时可耐100℃高温，酸碱大于5时易失效。遇光和热效价下降。故应置于遮光，凉处保存，不宜久贮。在酸性溶液中很稳定，在碱性溶液中不稳定，易被氧化和受热破坏。

一、病因

本病是由于在饲料中维生素 B_1 的含量不足，或使用酵母不当，从而导致维生素 B_1 被破坏，另外饲料不新鲜、酸败、冷藏过长、偏碱等都是导致维生素 B_1 缺少的原因。从患病貂年龄上看，大多数为2～4岁的母貂，而且肝脏均有程度不一的病变，影响维生素 B_1 的正常代谢，导致维生素 B_1 的缺乏。经饲料分析，鱼类饲料贮藏时间过长(达1年多)且有腐败现象，使鱼体内，不饱和脂肪酸含量增高，维生素 B_1 受到破坏，从而不能满足动物体的需要。给水貂生喂淡水鱼，使硫胺素被硫胺素酶分解，维生素 B_1 缺乏可导致动物发病，日粮中虽加了添加剂，但搅拌不匀也是造成某些水貂维生素 B_1 缺乏的主要因素。尤其在妊娠期，母貂对各种营养成分需要量比较高，加之以上因素的影响，可引起妊娠母貂维生素 B_1 缺乏。

二、临床症状

当维生素 B_1 不足时，病貂经20～40 d，出现食欲消失，以后开始衰弱，不愿走动，站立不稳，很快引起抽搐和痉挛。病貂卧在小室内昏睡不醒，痉挛与衰弱反复发作，不断呻吟，尾背部肌肉紧张，尾呈直挺状变硬，经1 d左右死亡。当妊娠貂缺乏时，将会导致胎儿吸收、孕期延长、死胎率增多、仔貂发育受阻等症状，有时还会出现仔貂腹泻。妊娠母貂死亡率增高可达20%～30%。

患病的均是母貂，突然表现食欲减退，甚至废绝，精神沉郁，被毛蓬乱无光泽，眼结膜苍白。随着病情发展，有的两前肢麻痹，有的两后肢麻痹，继而发展为四肢麻痹。病貂在笼中乱爬，拖曳前进，头不能抬起，饮食不能自主。大多数病貂粪便呈粥样并附有黏液，病貂对针刺反应不敏感，个别的在小室内昏睡，卷缩不动。有的病貂口吐白沫，牙关紧闭，不断呻吟，最后全身抽搐而死亡。

三、病理变化

尸体消瘦，被毛粗乱无光，肛门周围被毛被粪便污染，腹部及后肢被毛潮湿。眼结膜苍白，皮下脂肪耗尽，腹水增多，呈淡黄色，腹腔恶臭。子宫内胎儿大都死亡，有的被吸收殆尽，胎儿头部水肿、出血。肝脏肿大(47.6～54.0 g)，呈黄色或暗褐色，质脆易碎，切面多汁，外翻，胆汁浓缩。脾脏暗紫色，有豆粒样大褐色坏死灶，肾脏呈淡黄色，被膜易剥离，皮质、髓质分界不清。心脏扩张，心包内有淡红色液体，心尖处肌色变淡。肺脏瘀血。胃内空虚，有少量的黑色黏液，胃底有出血点，黏膜脱落。大脑两侧半球有对称的出血点。

三、临床诊断

依病貂临床表现、剖检特征，初步诊断为维生素 B_1 缺乏症。应与脑脊髓炎、食盐中毒、白肌病鉴别。脑脊髓炎主要由病原菌或中毒所引起的，经细菌学检查和毒物检验可以排除。食盐中毒经过日粮内食盐量测定，可以作出诊断，况且在保证水貂充足饮水的情况下，超过正常量的 3～4 倍，也不易发生中毒。白肌病在缺硒地带常发，但经临床检查、剖检特点及药物性诊断，很容易确诊。

四、防治

用维生素 B_1 5～10 mg，金霉素糖粉 1 g 混合，一次口服，连服 10～15 d。或肌内注射维生素 B_1 5～10 mg，直至症状消失。在日粮中增加酵母和维生素 B_1 丰富的饲料。以鱼粉为主的日粮，酵母量应加大，每天不能低于 6 g。

药物治疗：肌内注射 5%维生素 B_1，每日 1 次。六合维生素，每只 1 粒，口服，每日 1 次。

为了防止本病的发生及继发感染，应该保证妊娠期水貂的饲料品质及全价性，全群投给抗生素药物，如每只注射土霉素 0.1～0.2 g。

第七节 乳腺炎

一、病因

母貂产仔多，仔貂争乳易咬伤母貂乳头，造成乳腺外伤性感染而发炎；仔貂断乳分群期，母貂日粮若不减少动物性高蛋白等成分，乳腺分泌不减，乳汁蓄积、乳腺肿胀而发炎；水貂箱笼被粪便、残料污染后磨破乳腺，外露的铁丝头、木茬刺破乳腺，均易发生乳腺炎。

二、临床症状

母貂患乳腺炎后不愿护理仔貂，常停留在运动场上，由于仔貂得不到足够的乳汁而会发出不正常的叫声。若检查乳房，可发现乳房红肿、结块、发热，乳头或乳房被咬破，个别的则会破溃。

母貂突然拒食，卧于箱内，人为引逗反应迟钝、无神，鼻镜干，被毛乱，拱背缩腹，行走缓慢，尿液黄，粪便硬，体温 39.6～41.5℃，乳腺红肿、敏感，乳腺若有外伤覆盖痂皮，部分水貂乳腺脓汁外流结痂。拒绝仔貂哺乳，仔貂因缺乳嘶叫。当发生脓毒血症后，昏迷，体温低于常温，多以死亡结局。

三、防治

治疗母貂的乳腺炎要根据不同的病情采取不同的措施。一般情况下要用青霉素 20 万～30 万 IU，每日 1～2 次肌内注射，也可视病情酌情掌握剂量及注射次数。

对未破溃化脓的可做热敷治疗，用温热的 0.3％雷夫努尔溶液浸湿纱布后敷在乳房上进行按摩，每日两次；对已化脓破溃的不能进行热敷，要用 0.3％雷夫努尔溶液洗净创面，并涂油质青霉素。仔貂 30 日龄后，可适当分出部分仔貂，必要时全部分窝。

箱笼消毒：清除箱笼内粪便、垫草，用 0.1％～0.2％新洁尔灭消毒液、饮水槽和箱笼等。水貂乳腺炎是常见普通病，若延误治疗或治疗不当，呈现全身症状后往往死于脓毒血症。

第八节　维生素 A 缺乏

一、病因

维生素 A 对光和氧敏感，易遭破坏，一般以稳定性能较好的维生素 A 棕榈酸酯作为添加剂，以每昼夜每千克体重水貂供应 500～1 500 IU。繁殖期、生长发育期、冬毛生长期需要量增大，在人工饲养条件下，水貂和狐容易发生维生素 A 缺乏，如果日粮中完全没有维生素 A 20 d，就会出现明显的维生素 A 缺乏症，严重缺乏可导致死亡。在正常的情况下，饲料中供给新鲜的 5％～10％动物肝脏，5％的乳汁或 25 g 蛋类，可以满足需要。

二、临床症状

病初患貂眼睑轻度肿胀，眼球微突出。继而第三眼睑肿胀外翻，开始色白逐渐变红，伴以角膜结膜炎，眼球突出似金鱼，眼睑周围剧烈肿胀，流泪，重者角膜混浊。下颌肿胀，重者张口不能闭上，头部肿胀。有的伴以神经症状，步态摇摆，运动失调，间有头部乱撞笼壁，轻者不影响食欲，重者拒食，精神沉郁。耐过者视力减退，有的角膜仍有混浊现象。角膜软化，眼干燥，夜盲。水貂维生素缺乏症最典型的症状是眼球突出肿胀，头部下颌肿大。

三、病理变化

头颈部皮下水肿，有胶样浸润。喉部出血，心内膜呈条状点出血，肺脏有红白相间的肝变，支气管有血样气泡。脑膜亦有出血并呈点块状，肠系膜淋巴结肿大，切面有出血点，其他未见异常。

四、临床诊断

细菌检查：将病貂的肝、脾、肺组织直接涂片镜检，未见细菌。

细菌培养：将组织块接种于马丁肉汤、血液琼脂中，均未见生长。

病毒分离：取病貂眼球、口腔溃疡部分的黏膜，气管组织则在小瓶内用剪刀剪碎，加 PBS 液 10 倍稀释，用玻璃研磨器研细，每毫升加青霉素 1 000 IU 和链霉素 1 000 IU，在 4℃冰箱中作用 4 h，再以 2 000 r/min 离心 15 min，取上清液对 5 日龄鸡胚进行卵黄囊接种，每枚接种 0.1 mL，共接 5 枚，连续观察 5 d；取病貂肝、脾、肺组织，按上述方法处理，取上清液对 11 日龄鸡胚绒毛尿囊膜、尿囊膜和羊膜腔进行接种，每枚接种 2～3 mL，各接种一枚，连续观察 5 d；取病貂脑组织，按上述方法处理，取上清液脑内接种 10 日龄乳鼠 4 只，并于接种后第三天进行盲传一代，观察一周。

五、组织学观察

气管黏膜上皮增厚，细胞浆浓染，核增多，上皮脱落坏死。气管腔内充满脱落上皮，气管周围水肿，血管高度扩张，内皮肿胀增生。大肠黏膜增厚，坏死脱落，杯状细胞增多、坏死，在黏膜层中浆细胞或淋巴细胞增多。固有膜层水肿，有少量白细胞浸润。小肠黏膜坏死，杯状细胞消失。胃黏膜水肿坏死，浆细胞淋巴细胞增多。肝细胞肿胀，颗粒变性。中央静脉高度扩张，腔内充满均质粉红色物质，管壁疏松，纤维素样变。内皮肿胀增生。汇管区胆管增多，扩张，上皮肿胀增生坏死。肾小体肿大，毛细血管丛纤维素样变。内皮肿胀增生，在囊腔内有少量均质粉红色物质。肾曲小管上皮肿胀，颗粒变性，有的核消失坏死。脑膜水肿，并有大量的红细胞，血管高度扩张，管壁疏松，充满红细胞。脑实质毛细血管出血。神经细胞肿胀，胞浆浓染，神经胶质细胞增生，局灶性增多，细胞周围水肿。

六、防治

增加鱼肝油喂量或加入鲜肝脏。根据水貂不同生物时期，要特别注意日粮中维生素的含量，尤其饲料供应比较单一的场点，更应重视维生素的补充。维生素在动物性饲料中，以肝脏、蛋、奶的含量较高，肉类含量仅为1%左右。因此，在有条件的地区可适量给予补充，或补给鱼肝油，预防维生素的不足，生产期还应适量增加。水貂维生素缺乏症最典型的症状是眼球突出肿胀，头部下颌肿大，如不并发其他疾病，经大量补充维生素症状很快消失。

第九节 霉玉米中毒

一、病因

霉玉米中毒主要是玉米或玉米面发霉所致。霉玉米中主要有3种毒性较强的镰刀菌，产生毒素引起中毒。

二、临床症状

食欲减退，呕吐，腹泻，精神沉郁，出现神经症状，抽搐、震颤、口吐白沫、角弓反张，癫痫性发作等。急性病例，有的在临床上看不到明显症状而发生死亡。

三、病理变化

病理解剖常见胃肠黏膜充血、出血、溃疡、坏死，肝、肾充血、变性、坏死等。

四、防治

应立即停喂有毒饲料，撤出尚有剩食的饲盆（碗）。饲料中加喂蔗糖或葡萄糖、绿豆水解毒，静脉或腹腔注射等渗葡萄糖注射液。为防止出血，可用止血剂维生素K等。

第十节 黄脂肪病

动物脂肪，特别是鱼类脂肪，含不饱和脂肪酸多，易氧化酸败变黄，释放出一种酸败味，分解产生鱼油毒、神经毒和麻痹毒等有害物质，在低温条件下，发生缓慢的氧化。

一、病因

冻贮时间比较长的鱼类饲料,是引起水貂急、慢性黄脂肪病的主要原因。尤其含脂肪量高的刀鱼(带鱼)、油扣子鱼等,更为严重。加之在饲料中不注意维生素 E 的补给或补给不足,更易引起此病。

二、临床症状

经常喂以冻贮鱼、肉饲料为主的貂群易出现此病,一般多以食欲旺盛或发育良好的幼龄水貂先受害致死。急性病例突然死亡,大群水貂食欲不振,精神沉郁,不愿活动,出现下痢。重者后期排煤焦油样黑色稀便,或后躯麻痹、腹部尿湿,常在昏迷状态下死亡。

触诊腹股沟两侧脂肪,手感呈硬猪脂状或绳索状。慢性病貂经常出现食欲减退,消瘦,不愿活动,成年貂易出现这种病症,易与阿留申病混淆。

三、病理变化

解剖尸体皮下组织黄染多汁,有的皮下有出血点,皮下脂肪黄白色,湿润,有的水肿,特别是腹股沟两侧脂肪尤为严重。淋巴结增大。胸腹腔有水样黄褐色或黄红色的渗出液。

大网膜(胃的韧带)和肠系膜呈污黄色、多汁,肠系膜淋巴结肿大。肝肿大呈土黄色或红黄色,质脆弱,典型脂肪肝。肾脏肿大、黄染,三界不清。胃肠黏膜有卡他性炎症,附有少量黏液及褐红色的内容物。直肠有少量煤焦油样的黏稠稀便。慢性病例,尸体消瘦,皮下组织干燥,黄染不明显,肝肿大,呈粉黄、红色或淡黄色,质脆,切面组织干燥。肾被膜紧张,光滑,肾实质灰黄色或污黄色。胃肠有慢性卡他性炎症。

四、防治

应立即停喂变质霉败的动物性饲料，加喂维生素 E。对大群貂有重点地逐只检查，触摸腹股沟脂肪的变化，发现有脂肪肿块或下痢，都应列为治疗对象。病貂每天分别肌内注射维生素 E 注射液 0.5～1 mL，复合维生素 B 注射液 0.5 mL，青霉素 20 万 IU，地塞米松 1.25 mg，每日 1 次，连续用药 3～5 d。身体稍瘦的病貂，可皮下注射 25％葡萄糖 5～10 mL。

要注意饲料的质量，加强冷库的管理，发现脂肪变黄或酸败的鱼、肉饲料，要及时处理酸败的鱼、肉饲料，要及时处理或废弃。此外，以喂鱼类饲料为主的貂场，一定要注意或重视维生素 E 补给。

第十一节 貂胃肠炎

一、病因

主要是饲养管理不当，突然更换饲料或饲料腐败变质，饮、食具长时间不清洗和消毒，饮水不清洁，采食量过大等；另外，也有因长途长时间运输，动物极度疲劳，引起机体抵抗能力下降造成此病发生；还有犬瘟热、巴氏杆菌、大肠杆菌等病可引起继发性胃肠炎。

二、临床症状

病初食欲减退，有时呕吐，病后期食欲废绝，口腔黏膜充血、干燥发热，精神沉郁，不爱活动。腹部卷缩，弯腰弓背，肠音增强，下痢，排出蛋清样灰黄色或灰绿色稀便，也有排血便的，肛门及会阴部被毛附有稀便，污秽不洁。到后期严重脱水，眼球塌陷，被毛蓬乱、昏睡、抽搐而死亡。

三、防治

当兽群大量患病时，要从日粮中排除不良因素。采取保护性食饵疗法，开始饲料量要少些，待有好转时再逐渐达到正常给量；有条件的可喂鲜牛奶或奶粉；必要时可在饲料中加喂四环素或氯霉素等，每日 2 次，每次 25 mg。还可将链霉素或新霉素 1 万～2 万 IU 溶于水中，倒入水盒令其自饮。对重症者可内服磺胺脒，每日 0.1～0.2 g。当脱水衰竭时，可皮下多点注射 5%葡萄糖 20～30 mL、樟脑油 0.5～1 mg。为使病兽尽快恢复食欲，可肌内注射复合维生素 B 注射液，还可肌内注射维生素 C 0.5～1 mg，青霉素或链霉素每次 20 万 IU，每日注射 2～3 次即可。

第十二节　自咬病

自咬症是危害笼养水貂的一种慢性病，其特征是阵发性神经高度兴奋、狂暴性自咬身体某一部位、造成自咬创伤而影响其生长发育和毛皮质量。

一、病因

本病的病因至今不明，可能是多种因素所为而非单一因素所致。

(1)应激因素。生产中引起水貂应激的因素很多，如仔貂断奶后单笼饲养、疫苗接种、品质鉴定、体重和体尺测量、换毛、气温变化、环境潮湿、空气污浊、饲养环境不安静、饲料营养不全或突然更换饲料配方等。应激因素会导致病貂神经内分泌紊乱而使其狂躁不安，严重者发生自咬恶癖。

(2)行为因素。国外学者认为貂自咬症是貂的常见恶习，与不正常的习惯捕捉方式有关；荷兰学者 Jonge(1989)观察了自咬症母貂所产仔貂的发病情况，发现水貂咬尾是异常习惯。

（3）病毒病因假说。支持这一学说的主要是苏联学者，他们于20世纪40年代通过一系列试验而提出了病毒病因假说，主要有杜布立茨基等（1947），他们在病貂体内分离到了病毒且回归水貂后发病；巴夫里捷柯等（1967—1970）将自咬症病貂内脏悬液用长尾猿肾细胞培养，培养4 d后发现细胞变性，将该培养液接种仓鼠，30 d后出现自咬症状，认为是滤过性病毒引起。

（4）遗传因素。赵元楷等（1996）报道貂自咬症与遗传有直接的关系，纯种繁育的后代有半数发生自咬症现象。

（5）营养代谢因素。国内很多学者把自咬症归结为金属元素、维生素、氨基酸或不饱和脂肪酸等营养因子代谢紊乱而引起，所以目前他们把该病归结为营养代谢病。

（6）皮肤疾病因素。能够引起水貂皮肤疾病的因素会刺激水貂皮肤瘙痒、兴奋不安而引发自咬症，主要有体表寄生虫、环境潮湿引起水貂皮肤感染真菌病、皮肤破损而感染葡萄球菌、环境湿度大引发皮肤过敏反应或湿疹。

（7）饲料毒物因素。饲喂水貂的谷物饲料发生霉变而产生黄曲霉毒素，水貂采食后产生慢性中毒而引起皮肤末梢神经瘙痒。此外，饲料中氯化碘含量过多也会引起水貂自咬症。一般来说，按照全价饲料配方饲喂或饲喂新鲜海杂鱼的貂场，无需单独补充食盐，尤其是含碘量较高的海盐。

二、临床症状

临床上表现对外界刺激敏感，兴奋度增大，症状反复发作，啃咬自己的尾、后肢、髋部及臀部等处，严重时咬掉尾尖、撕破某一部位皮肤肌肉，常因感染而死亡。自咬时旋转、打滚、嘶叫；但兴奋过后呈沉郁状态，喜躺卧、眼半闭，对周围事物不敏感或呈睡眠状态。本病在每年春秋的换毛季节发生，发病率较高，给养貂业带来严重的经济损失。

三、治疗

尚无特异性疗法，但可对症施治。

(1)对于咬伤面积较大的，需对咬伤部位用3%过氧化氢（双氧水）冲洗后外涂消炎粉，同时每天肌内注射青霉素2次，每次160万IU/kg体重以防止感染；而咬伤面积较小者可局部涂擦2%碘酊或用高锰酸钾溶液冲洗使其自然愈合。

(2)从对抗神经兴奋症状或抗应激的角度出发，非拉更具有镇静、催眠及抗过敏作用且长期给药无明显毒副作用，避免了以往口服氯丙嗪引起的食欲减退和损害肝脏等副作用。

(3)从抗炎、抗毒角度出发，氢化可的松具有对各种原因引起的非感染性炎症有明显的非特异性抑制作用。因此，静脉点滴氢化可的松，按病貂个体大小一般为：体重1～2 kg，每次用药2 mL，加5%葡萄糖10 mL；体重3～4 kg，每次用药6 mL，加5%葡萄糖20 mL。同时口服非拉更2.5 mg，维生素B_1 2.5 mg，维生素B_{12} 2.5 mg，一次口服，每日2次。

(4)后海穴封闭疗法可以通过穴位传导，使紊乱的神经得到抑制而恢复正常功能，阻断患部神经向中枢传导不良刺激，并使血管扩张。同时，采用2%盐酸普鲁卡因8～10 mL对病貂进行后海穴封闭，每日1次，连用3～4 d，以制止剧痛和瘙痒。

(5)为了辅助治疗而防止病症复发，可用药静脉点滴配合每天饲喂自咬粉。自咬粉配方如下：蛋氨酸2 g，安定2.25 g，地塞米松0.5 g，扑尔敏0.5 g，亚硒酸钠-维生素E预混剂适量。以上药品研末混匀，拌入饲料内服用，每日3次，每次1包，连用5 d。

四、预防

从日常管理、饲料配方、环境改善等方面做好预防，以有效降低发病率、提高毛皮质量。

(1)禁止外界各种毛皮动物进入圈舍,笼舍定期消毒;发现病貂早隔离、早治疗。

(2)饲养场要建在环境安静无干扰处,保证笼舍适宜的温度、湿度、良好的光照和通风;夏季要防止强烈阳光照射,同时保证水貂有足够的活动空间。提高饲养员综合管理素质,减少各种应激因素。

(3)保证饲料全价、多样化。研究发现,在饲料中添加1%～2%的羽毛粉可以有效降低自咬症发病率。水貂的全年日粮中应添加足够数量的无机硒,使用足够数量的粉状维生素E和其他抗氧化剂;因此,可以在饲料中全年添加亚硒酸钠-维生素E预混剂。同时,在每年3～5月和9～12月的换毛季节,日粮中应补充充足的含硫氨基酸。同时保证饲料质量,防止霉变。

(4)为了防止"汞"污染鱼类饲料,可以适当调整饲料配方,如可以多饲喂植物蛋白,降低鱼、肉类饲料的比例。当然基础日粮配方的设计,应在国内外营养标准的基础上进行。有条件者,可以直接饲喂全价颗粒饲料。

(5)坚决淘汰自咬种貂,为保证种貂数量而无法完全淘汰时,应避免纯自咬种貂间繁殖。

第十三节　乳房炎

一、病因

妊娠期饲养管理首先应从妊娠期水貂的饲养管理着手。妊娠期维持母貂中等体况,如果妊娠期母狐过肥,一方面会造成母貂分娩困难,另一方面往往导致产后乳汁过多,而此时仔狐食量小,所以母貂很容易患乳房炎。

二、临床症状

患貂乳房基部形成纽扣大的结节，有的乳房有外伤，化脓。病重者表现精神不安，常在笼中徘徊，不愿进产箱喂仔貂，而且有的患狐常叼仔貂出入小室，而不安心护理。仔貂由于不能及时哺乳，发育迟缓，由于饥饿，常发出长时间的尖叫声，被毛蓬乱焦躁，重者饿死；母貂因长期乳腺发炎，体温升高，食欲减退或废绝，精神沉郁，体力衰弱。

三、预防与治疗

预防：母貂产后 24 h 内注射恩诺沙星，剂量按每千克体重 0.1 mg 使用，效果较好。

治疗：用 0.25％普鲁卡因 5 mL、青霉素 20 万～40 万 IU，在患貂炎症位置周围的健康部位进行封闭注射。每日用热毛巾揉乳房，把硬块揉开，挤出乳汁。化脓部位用 0.3％利凡诺溶液洗涤创面，然后涂以青霉素油剂或消炎软膏；用青霉素 40 万 IU、安痛定 2 mL 注射，每日 2 次，连续 3 天。每日用热毛巾揉乳房，把硬块揉开，挤出乳汁；治疗方法：可每日按摩乳房，挤出乳汁。对拒食的母狐，要皮下注射 5％葡萄糖溶液 20～30 mL，肌内注射复合维生素 B 1～2 mL。母貂患乳房炎时，其仔貂要由其他健康母貂代养殖，以保其成活。

参考文献

[1] 李忠宽,等.水貂养殖技术.北京:金盾出版社,1995

[2] 向前.养水貂.郑州:中原农民出版社,2008

[3] 佟煜人,等.毛皮兽养殖技术问答.北京:中国农业出版社,2000

[4] 佟煜人,等.中国毛皮兽饲养技术大全.北京:中国农业科技出版社,1990